SCRATCH 编程课

我的游戏我做主

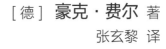

［德］豪克·费尔 著

张玄黎 译

电子工业出版社·

Publishing House of Electronics Industry

北京·BEIJING

版权贸易合同登记号　图字：01-2022-0927

图书在版编目 (CIP) 数据

SCRATCH 编程课：我的游戏我做主／（德）豪克·费尔（Hauke Fehr）著；张玄黎译 .—北京：电子工业出版社，2022.8

ISBN 978-7-121-44008-3

Ⅰ . ① S… Ⅱ . ①豪… ②张… Ⅲ . ①程序设计－普及读物 Ⅳ . ① TP311.1-49

中国版本图书馆 CIP 数据核字（2022）第 127510 号

责任编辑：张　昭
印　　刷：北京东方宝隆印刷有限公司
装　　订：北京东方宝隆印刷有限公司
出版发行：电子工业出版社
　　　　　北京市海淀区万寿路 173 信箱　邮编：100036
开　　本：787×980　1/16　印张：22　字数：387.2 千字
版　　次：2022 年 8 月第 1 版
印　　次：2022 年 8 月第 1 次印刷
定　　价：98.00 元

凡所购买电子工业出版社图书有缺损问题，请向购买书店调换。若书店售缺，请与本社发行部联系，联系及邮购电话：(010) 88254888，88258888。

质量投诉请发邮件至 zlts@phei.com.cn，盗版侵权举报请发邮件至 dbqq@phei.com.cn。

本书咨询联系方式：(010) 88254210，influence@phei.com.cn，微信号：yingxianglibook。

亲爱的读者

Scratch 是一种容易学习、上手简单的编程语言，非常适合儿童及青少年学习和使用。应用这种语言走进编程世界，你一定可以做到！本书就能为你提供强有力的支持。从首次安装、初步了解 Scratch 编辑器到设计自己的角色和深入研究游戏项目——你可以像真正的程序员那样了解一切。

更棒的是，你并不需要任何背景知识。豪克·费尔深入浅出地向你说明，应当如何使用 Scratch 创建自己的游戏。你还可以不断拓展创意，并通过编程将它们付诸实施：让一个球弹跳、控制一只小螃蟹穿过街道、引导甲虫穿越迷宫，甚至让一条龙飞翔。这真的很有趣。你可以在学习的过程中学到重要的基础知识，而最终，你肯定可以掌握这种编程语言的所有功能。

你会发现，Scratch 可以带来意想不到的可能。祝你玩得愉快、做得成功！

本书经过精心编写及制作。如果你仍然发现存在缺陷或小问题，又或者想提出内容改进建议，请你写邮件告诉我，我十分期待你的来信。

埃里克·里佩尔茨
Vierfarben 审校部 erik.lipperts@rheinwerk-verlag.de

全书概览

第13章　救救可怜的螃蟹

第14章　甲虫迷宫

第1章
使用 Scratch "编玩编学" 成为程序员

> 你想成为程序员吗？你想不想知道怎样制作属于自己的游戏？本书能帮助你轻松实现这两个想法。创建游戏的过程充满乐趣，而在这个过程中，只要你像程序员一样不断思考，最后，你就能真正成为一名程序员！

我衷心祝你梦想成真！如果你已经决定学习 Scratch，那么一段长远而激动人心的旅程就此开始。

许多人都会操作计算机，大部分人肯定会玩游戏。但是，自己编写游戏又是另外一回事。

编写游戏是不是特别难？

不难，我实话实说，真的不难，特别是使用 Scratch 编写游戏。

是不是需要先学习计算机、信息科学或者至少要有一些数学天赋？

不，完全不必要。

如果想成为 Scratch 游戏编程员，需要些什么？

实际上，主要需要对编写游戏程序感兴趣，并且在这个过程中享受乐趣。背景知识并不重要。如果你喜欢玩计算机，并且希望自己创建游戏，或者对如何操作十分好奇的话，那么你就具备了成为 Sratcher 的条件（Scratcher 就是使用 Scratch 进行游戏编程的人）。然后，你需要阅读本书逐步学习。

编程比想象中更容易

许多人认为，使用计算机编程需要较高水平的数学知识和应用能力；必须了解非常复杂的技术和"进程""RAM 存储器""数据结构""日志"等概念，以及完全虚拟、难以理解的指令。这使得学习编程看上去几乎是不可能的。

这种想法源于计算机刚刚开始发展时。当时，只有完全掌握计算机的全部技术，才能够进行编程。

最初，人们使用机器语言进行编程，编写程序需要在打孔卡上打孔，以便将数据完全输入计算机。使用键盘和屏幕带来了极大的便利。一条仅使用两个单词的极简程序，在屏幕上显示的是"Hello world！"（你好世界！），而在（已经经过简化的）机器代码中看起来像这样：

```
segment code（代码段）

start:（开始：）
mov ax, data
mov ds, ax

mov dx, hello
mov ah, 09h
int 21h

mov al, 0
mov ah, 4Ch
int 21h

segment data（数据段）
hello: db 'Hello world!', 13, 10, '$'
```

的确，早期的编程是巨大的挑战。

幸运的是，技术已经在今天有了明显的发展。虽然还可以使用机器编码编写程序，硬件也仍然基于这样的程序运行，但是，今天的人们已经不必这样做了。

"编程"到底是什么？

编程基本上就是告诉计算机，它需要做什么，让它完全按照你希望的方式工作。

过去，你必须确切了解计算机内部的工作方式。为了在经过大量测试后，程序正确运行，你必须准确地告诉计算机何时以及如何将许多"1"和"0"塞入它的存储器中。而今天，计算机的任务是理解人们所给出指令的含义。我们以容易理解的语言告诉计算机，它应该做什么，并且计算机知道，它应该如何在自己内部进行转换。

应用 Scratch "编" 出快乐

使用 Scratch 则让编程变得特别简单。它本身就像一个彩色的游戏，一个逻辑积木套装，你从一开始就能获得快乐。当你尝试使用它时，你就在逐渐学习严谨的编程。

在 Scratch 中进行编程，你不必用键盘敲击每一个字符输入命令或者学习复杂的编码。你所做的是，将代码库中易于理解的指令积木拖到相应的程序窗口中，并将它们与其他积木有序组合。这相当于把角色放在你的舞台上，并提供说明和指令。而你做的事情和最终完成的作品与过去的程序员所做的相比没什么不同。可是当时的程序员需要输入数千行晦涩难懂的指令，而你完全从技术阻碍中脱离了出来。Scratch 只关注技术本身。

在 Scratch 中，表示"你好世界！"的程序是这样的：

比机器语言更容易理解，不是吗？

> **什么是 Scratch？**
>
> Scratch 是由美国科学家开发并免费使用的编程语言及可视化开发平台，于 2007 年首次亮相。它是专门为儿童、青少年和所有初学者提供的一种简单而强大的方法，无须输入复杂的命令就能亲自创建游戏和动画程序。

这意味着初学者完全可以在熟悉编程基础知识的同时，根据自己的想法制作有激励性的个性化角色游戏。如今，Scratch 已被翻译成多种语言，在全球包含大、中、小学在内的许多教育机构中使用，用于向学生介绍编程原理。更新版本的 Scratch 3 于 2019 年发布，并且正在不断更新中。

玩中学

我向你保证：如果你从头开始，一章接一章地自己尝试、创建和操作游戏，你将从控制角色、让角色奔跑和跳舞、制作有趣的动画并让角色对你的输入做出反应中获得很多乐趣。你将进行令人兴奋的编程实践，在初始阶段进行简单尝试后，很快构建出自己的炫酷程序和游戏，这完全可以根据你自己的创意进行设计和拓展。

而在这个过程中，你的确是在学习编程，但是几乎意识不到自己在学习真正的编程——与专业程序员每天使用的技术和方法完全相同。只是在 Scratch 软件中，一切从一开始就十分有趣。

你不需要任何数学知识（除了时不时需要一点点加减运算），不需要计算机存储器结构、数据格式、处理器或其他任何东西的基础知识，你不必是个知识渊博的书呆子，也不需要是一个杰出的发明家。每个人都可以在 Scratch 中以或低或高的水平实现自己的个性化想法。你需要的只是对探索小小新世界的好奇心、自己构建和设计独特内容的追求，以及一点点实践逻辑思维的兴趣。其余的会顺其自然地产生。

接着，你就会成为 Scratcher——一名真正的程序员，这绝对有希望实现！

但是，要按顺序一步一步来。你必须了解 Scratch——未来一段时间内你将主导一切的"领地"。我敢肯定，你很快就能上手。

第2章
如何在计算机上安装 Scratch？

> 入门真的非常容易。使用 Scratch，你真正需要的只是一台计算机或笔记本电脑——以及已经装在计算机系统里的网页浏览器。开始吧！

有两种方法在你的计算机上使用 Scratch。第一种只需要几秒钟，你就可以立即开始。为此，你需要与互联网保持稳定的连接，而且连接速度不能太慢。如今，大多数家庭的计算机有相应的网络配置。

第二个方式需要花几分钟时间。但是，这可以在计算机上永久安装 Scratch，并可以在任何地方使用——就算没有互联网时也可以。如果第一种方法不适合你，并且自己的设备能够安装，那么你可以始终使用第二种方法。用以下的方法或者其他方法，你肯定能快速完成安装，并且可以立即使用！

第一种方法：直接在网页浏览器中打开 Scratch

这真的超级简单。无论你的计算机是苹果品牌的，还是使用 Windows 系统的，亦或者是使用 Linux 系统的，甚至是平板电脑或者 iPad，你都可以操作：直接打开设备上的"普通"网页浏览器。例如：IE（Windows 系统标配）、Edge-Browser（微软系统标配）、Firefox（火狐浏览器）、Safari（iOS 系统标配）或 Chrome（谷歌浏览器）。

现在，在浏览器中找到 Scratch 网页版的界面。

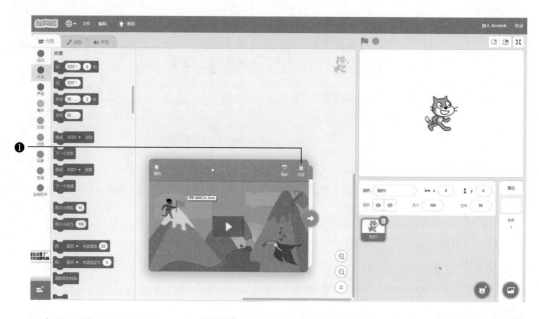

就是这样。然后只需单击上方菜单中的创建。等待几秒钟，你就进入了 Scratch 编辑器。衷心祝你愿望成真！可以开始了。

在这里你可以看到 Scratch 编辑器。单击"关闭"按钮❶，就可以结束小窗口的简短"教程"。

最好在浏览器中将这个页面添加为书签。之后，你就可以在打开浏览器时一键直达。

现在，你已准备好了，可以进入第三章学习了。

第二种方法：将Scratch桌面编辑器永久安装在计算机上

如果你无法持续访问互联网，或者只想在计算机上安装程序便于随时随地使用，那么在比较新的 Windows 系统计算机或苹果计算机上，这并不困难。Scratch 提供永久免费的桌面安装程序。

目前，Scratch 计算机版可以安装在任何以 Windows 10 为操作系统的计算机上，也可以安装在 macOS 10.13 以上版本的 Mac 计算机上。然而，尚无安装在 Linux 计算机或 iOS 设备上的 Scratch 版本。本书发行后，情况可能会有所改变，企业可能会发布适用于这些设备的版本。

在此直接选择操作系统（Windows 或 macOS），单击下载，双击（Windows）启动下载文件，或将其拖到 Applications 文件夹中（苹果计算机）。

然后，你将在桌面（Windows 系统）或应用程序文件夹 Applications（苹果计算机）中找到 Scratch 的图标，从现在开始就可以随时启动 Scratch。

这就是所有的内容了。这样或者那样——真的非常简单！

第3章

Scratch 编辑器：
你的剧场——舞台、角色、造型万事俱备

本章节中，你将了解到 Scratch 就像是你计算机中的完整影院。其中有舞台，稍后你可以呈现自己的剧本，有一些可以随意使用的角色（游戏者／表演者），通过造型可以决定游戏者的外表，你还可以自己选择或创建场景（背景图片）。最重要的是，你可以根据自己的设想通过指令控制所有内容——因为你在这里可以自编自导！

让我们先看看其他内容。现在，你将逐步研究 Scratch 为你提供的元素，以及你可以如何使用它们。

!

Scratch 3 还是比较新的

在本书中，你将了解 Scratch 的最新版本——Scratch 3。使用 Scratch 3 可以做的事情已经比使用几年前的早期版本 Scratch 2 做的事情更多。尽管 Scratch 3 的正式版本现已发布，但 Scratch 仍然在定期进行拓展和更新。这意味着颜色、符号和标签之类的小细节可能会随着时间推移发生一些变化，并且看起来可能与本书中的不完全相同。本书中描述的实际功能不会改变——这一点不用担心：即使某些内容看起来略有不同，它们仍然可以按照说明进行操作。针对 Scratch 中与本书内容不同的变更，也可以从书籍的配套网站上获取。

舞台——一切在此上演

像在剧院中一样，你的游戏、你的动画或你自己的程序。一切内容最终都在 Scratch 的舞台上演出。你的角色会出现在舞台上，它们会移动、改变自己的外观并发出声音、输出文本、说话、对鼠标和键盘做出反应——所有这些都发生在舞台上。可以这样说，舞台上没有发生的事情是在后台发生的，后台对于程序的使用者不可见。

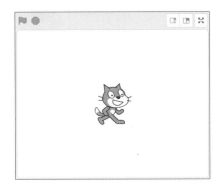

已经在舞台上的小猫是 Scratch 中的知名动物——Scratch 小猫。当然，你也可以删除它。但是，让我们暂时将它留在那里。

> **！ 你的舞台就这么大**
> Scratch 中的舞台始终为 480 像素宽、360 像素高。很重要的是，你需要知道稍后想把角色放在哪个特定的位置上。

如果希望放大舞台，可以随时使用右上角的符号 ⊡ 放大。再次单击，它将重新变小。

背景即世界

白色的底色很无趣。这就像在白墙前进行戏剧表演。知道为什么剧院中会有舞台布景吗？因为使用布景可以呈现出不同的表演地点。Scratch 中也有类似的东西。你可以随时确定背景，可以根据自己的喜好将角色放在室内、室外，甚至月球上。你可以选择一个已经包含在素材库中的背景。你也可以使用收藏夹中的自拍图片或互联网上的图片。在 Scratch 中，一切都不困难。

使用这其中的四个符号，你可以从素材库中选择一个背景，也可以绘制自己的独家背景或上传保存在计算机上的图片。

从素材库中选择一个背景

单击最下面看起来像一幅画的符号，然后会弹出背景的素材库。

在这里你可以从众多提供的图片中为你的个人舞台选择背景。如果你单击上方的主题，你将看到属于该类别的所有图片。找到需要的图片后，单击图片。然后，图片会成为舞台上的背景。

例如：你是否希望舞台看起来像真实的剧院舞台？那么单击图片剧院 2（Theater 2）：

小猫就在真实的舞台上了。

或选择月球（英文名称：Moon），然后单击图片。

太酷了——小猫现在出现在月球上了！

当然，你总是可以尝试许多其他设置。

我们首先使用 Scratch 素材库中包含的背景图片。之后，你可以随时创建自己的图片。那么，如何操作？第 5 章中将对此进行解释。

角色——全体对象

在表演中，没有演员什么也做不了。在 Scratch 中也是如此。在 Scratch 中，你的演员称为角色——只有出现在舞台上的角色才能随意更换外观。角色可以是人、动物、球、香蕉、宇宙飞船、树或房屋。所有可以放置在舞台上并且参与项目的图像，无论多大尺寸和形状如何，都可以被称为 Scratch 角色。每个角色都可以在稍后的创作中被放置在程序中并且被控制或变更性能。

就像背景一样，你也可以从现有素材库中选择角色，也可以自己绘制或下载角色。

在舞台上的 Scratch 小猫当然也是一个角色——当 Scratch 开始启动时，它始终存在。当然，你也可以将其删除。毕竟，并不是每个游戏都需要一只小猫。但是首先让我们得到另一个角色。

从素材库中选择一个角色

在右下角，你会发现一个看起来像小猫头的符号。单击这个符号，可以从素材库中直接选择一个新角色。

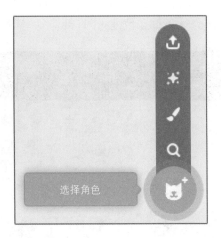

所有主题下都有无数的成品角色。它们有英文名称——你也可以直接看预览中的图像，就能知道选择什么了。

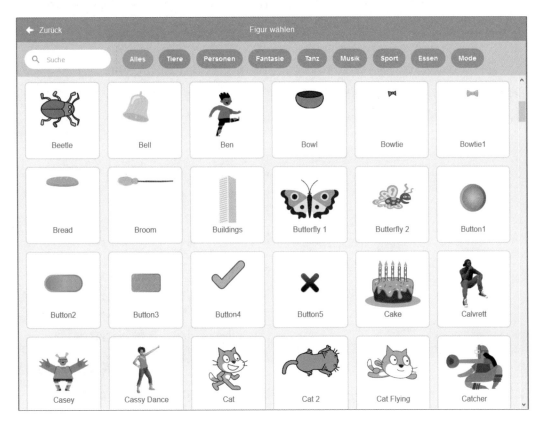

例如，单击青蛙角色（英文名称：Frog），青蛙便会出现在舞台上。

使用鼠标，你可以随时在舞台上抓住和移动角色。你还可以更改它们的属性。

更改角色属性

看看舞台下方的区域。这里列出了同一个项目中在舞台上的所有角色的符号，名为角色 1 的小猫和青蛙。在戏剧中，你会把这称为"演员表"。也就是说，与你的演出相关的所有表演者都在这里。

如果你使用鼠标在角色符号上单击，则可以随时在其上方的白色区域中，也就是角色检查器中，调整其重要的参数。例如，你可以更改角色的大小。一开始默认的设置为 100，即表示角色正常大小的 100%。在这里填入"200"，然后按回车键（Enter）。这样，青蛙将变为原来的两倍大，比小猫大很多。

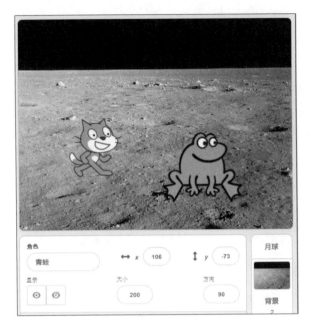

试一下不同大小的乐趣！

除了大小，你还可以确定角色在舞台上的位置。你可以非常精确的定位，也可以直接通过鼠标拖曳到位。

你还可以更改角色的方向。这是角色看向的方向，以"度"为单位。90 度表示角色朝向右侧。如果你单击它，你将会看到一个很有用的圆形，向你展示方向和度数。

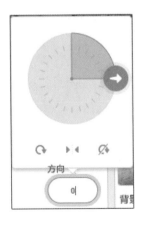

输入"0"后，整个角色会向左转，并向上看。角色可以随方向键旋转。

使用角色检查器中的可见选项，你可以使角色在舞台上可见或不可见。试试看！

你还可以更改角色的名称。为什么它们使用英文名字？选择角色 Frog，只需在上方的名称字段中输入"青蛙"，按下回车键，你的角色就会被命名为青蛙。

你还可以重命名小猫，它原来叫角色 1——现在叫小猫。

! 为什么名字很重要？

因为你可以看到。以后，当你同时使用多个角色时，你必须能够概览并在程序中使用角色的名称。角色有具体的命名，而不是简单地被称为图 1、图 2 和图 3，会非常有利。

删除一个角色

要从项目中删除角色非常简单。在清单中，单击角色使其突出显示，然后单击角色右上角垃圾桶图标，角色就不见了。

该角色不仅不可见，而且被完全删除了。当然，它也从舞台上消失了，因为它不再是项目的一部分。

你现在可以：

- 从素材库中为你的舞台选择一个背景
- 从素材库中选择任意数量的角色
- 更改角色的大小、方向和名称
- 在舞台上的任何地方安排角色

任务

创建一个有趣的背景，并放大、缩小和旋转至少五个角色，直到一切看起来都符合你的要求，然后再创建一个很酷的舞台。给角色取适当的名称！

造型：外观百变

在戏剧中，演员通常一直以一套符合其角色的造型出现。你也可以在演出期间更换造型。在 Scratch 中，你可以做到这一点，并且比戏剧中更为多样。每个角色都可以根据需要设置几种完全不同的造型。

在 Scratch 中，角色的造型是它当前在舞台上的外观。当你创建新角色时，它总展示第一套造型——角色出现时的外观。但是一个角色也可以有不止一套造型——如果在程序执行过程中需要外观发生变化，则可以随时更改造型。

在戏剧中，造型就是不同的衣服。而在 Scratch 中，造型可以是颜色不同的同一张图片，也可以使用全新的图片。每个角色都可以由此获得看起来完全不同的外观。

例如，有一种角色的造型可能是小猫，你可以将其变换为狗或球等其他造型。尽管如此，它在 Scratch 中仍然是"相同的角色"，并且保持相同的名称、位置、方向、大小等，它只是具有了"不同的造型"。Scratch 中的造型也就是该图的"外观"。

可以用什么造型

看看 Scratch 小猫已经包含的两种造型。为此，你可以从角色收藏中选择小猫。然后单击 Scratch 顶部标有代码、造型和声音选项卡中处于中间位置的造型选项卡。

哇！图形编辑器马上开启，你可以用它编辑每只小猫直到完成最细微的造型。具体的操作步骤，你将在第 5 章中详细了解。

在左侧工具条上，你可以看到小猫当前拥有的所有造型。也就是两个。第一个被选中，并出现在编辑器窗口中。可以看到，第二个在下面。

如你所见，小猫的两种造型彼此并没有太大区别。第一个，单腿向前；第二个，单腿向后。如果你快速单击左侧的两个造型，然后分别查看舞台，你也许已经猜想到它们的用途了。如果快速反复切换小猫的造型，看起来就像小猫在走动或跑动。

稍后，我们将在编程中使用此技巧：通过快速切换造型，即小猫的外观，小猫看起来好像在走路。这只是一个关于造型用途的示例。每当你希望自己的角色改变外观时，你只需更改其造型即可。从第 5 章起，你将确切地了解造型的工作原理。

管理造型

在角色的造型区域中，你还可以删除造型（单击造型图标右上方的小垃圾桶符号），或者使用造型栏底部的小猫头符号添加新造型。如果你想，可以绘制自己的造型。单击画笔，即可尝试绘画。在第 5 章中，你将学习更多有关完美制作的信息。

声音：你也可以听到角色的声音

每个角色至少有一个造型，否则你将看不到它。但是，角色不仅具有外观，还能发出声音。你可以为每个角色分配合适的声音，然后该角色可以稍后使用并播放。

让我们听一下小猫的声音。注意，小猫已经在角色清单中被选中，有蓝色边框。单击 Scratch 顶部的声音选项卡。

这将使你进入小猫的声音区域。

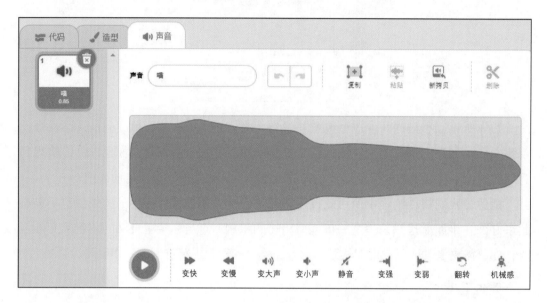

小猫已经有了一个默认的声音"喵"！当然，它与小猫配合得很好。

你可以使用波形图下方的几个按钮来更改声音：变大声、变小声、变快、变慢、静音、变强、变弱、翻转或有机械感的声音。点击之后，你就可以立即听到声音。你可以使用上方中间的蓝色左箭头撤消所有更改。

现在，可以为小猫添加更多声音。你可以选择 Scratch 素材库中原有的声音，或者录制自己的声音（如果你的计算机上有麦克风的话），也可以使用硬盘中的现有声音文件（mp3 或 wav）。

从素材库中添加声音

单击新声音图标 ，然后从素材库中选择现有声音。此时，如果将鼠标移到符号上，你会听到自动播放的声音。

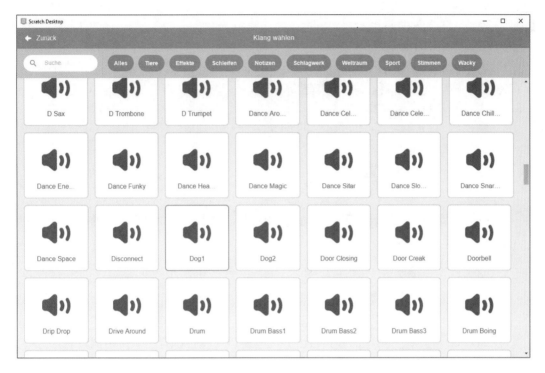

选好你需要的声音，单击鼠标选定。

　　这里还额外添加了来自素材库中的声音 Dog1。为什么不行？小猫可以像狗一样吠呀！

> **!** 我如何播放分配给角色的声音？
>
> 你可以通过简单的命令播放分配给角色的任何声音——很快你就能学到该如何做了。在下一章中，我们将尝试制造声音。

代码窗口——在此处设置指令

现在最重要的是：代码窗口。启动 Scratch 时，这个窗口始终打开。你可以随时单击顶部的"代码"按钮切换过去。

在 Scratch 中，每个角色都有其自己的代码窗口。舞台也有一个代码窗口。

什么是代码？

如果我们坚持使用关于戏剧的比喻，那么这里就是我们创建作品剧本的地方，也就是剧作的原稿。可以用于每个单独的角色。

在此，所有角色需要执行的指令都在这里。需要确定在开始时，角色在舞台上应当发生什么。这样的指令清单就是代码，也被称为程序——有意义地组合指令和命令就被称为编程。在这里，在代码窗口中进行编程！

你在 Scratch 中使用的每个指令都在一个彩色积木中。每个积木都属于不同类别。每条指令都有不同的作用。有些事情你可以自己解释，但是现在有一些内容可能对你而言还不能理解。

单击最左侧的圆点，你就可以非常简单地在积木的不同类别之间切换。现在就试一试吧！如果你单击一个积木，所选角色会立即执行选择的命令。

单击积木 移动 10 步 ——小猫会向右移动 10 步。再次单击——它将再次移动。也尝试一下其他的运动积木，或者用于外观的积木。每个积木的功能都不同。我们会立即开始有目标地设置我们的第一个指令。

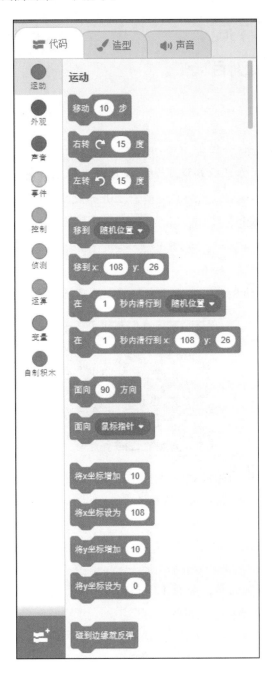

第4章

现在，你是导演：
角色跟随你的指令

在参观了 Scratch 戏剧世界之后，是时候开始将一切搬上舞台了。你已经知道了如何设计舞台以及如何在舞台上获得想要的角色。现在，就可以在舞台上开始表演了。表演计划是什么，由你自己决定。

让我们开始吧！启动 Scratch，在上方菜单中选择新作品。

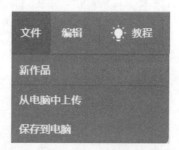

小猫出现在空空如也的舞台上。现在，我们希望看到，你可以使用许多 Scratch 指令进行操作。

尝试移动命令

你已经在介绍中了解蓝色命令积木了。你可以使用它们让小猫移动起来。例如，单击此积木移动 10 步（像素）：

如果单击它，小猫会向右走一小段距离。

每当你单击命令时，当前角色都会立即执行此命令。

10 个像素单位不是很多。因此，只是一小段距离。但是你可以变更。单击此命令中的数字 10。现在 10 以蓝色突出显示，你可以使用键盘输入另一个数字。

在 Scratch 中，当你用鼠标点击时，命令积木中白底黑色的数字都可以由你更改。这也会改变命令及其工作方式。

输入 50 替代 10。

现在，你已经创建了一个新命令——执行 50 步的命令。多次单击此命令积木，然后观察会发生什么。这只小猫现在正走出更远的距离。

前往一个位置

小猫不仅可以移动，还可以被直接放置在一个位置。为此，有以下命令：

如果你单击此处，小猫会立即处于舞台中心。当然，除了（0, 0），你也可以输入其他坐标。

坐标系如何工作

（0, 0）恰好在舞台的中心。在下面这张图片中，小猫在（100, 100）这个点。在（–100, –100）时，它位于左下角。x 值（水平）从 –240 到 +240，y 值（垂直）从 –180 至 +180。

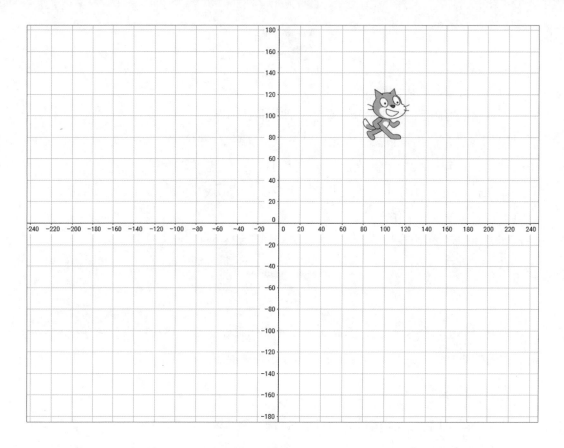

顺便说一句，小猫不一定跳跃性地突然出现在一个位置上，它还可以缓慢滑行。

滑动到一个位置

试试这个命令！现在，小猫滑入左下方象限（左下方区域），移动时间为 1 秒。然后设置数值。如果把 1 替换为 2 或 0.5，则小猫的滑行速度相应改变。

> **！ 使用小数点**
> 如果你在 Scratch 中输入十进制数字，请始终使用英语符号中的点，即 0.5。

旋转角色

使用此命令可以使小猫旋转。

它的方向会改变 45 度——看向右上方（并移动）。如果你随后使其继续移动，它将朝新的视线方向行走。

现在开始：组合命令，开始编程

到目前为止，你尚未做过编程。你只是给了小猫几条命令，也可以将其称为"远程控制"。你命令小猫进行的每个动作都被立即执行，然而仅在你单击命令的那一刻进行。

当你把多个命令组合在一起，然后告诉小猫执行命令清单时，真正的编程就开始了。为了给角色分配命令，你必须首先选择角色，然后将命令拖到角色的代码窗口中。这个命令积木便属于该角色。

在代码窗口中组合积木

每个角色都有自己的代码窗口。在这里，你可以拖动任意数量的命令积木，然后将它们组合在一起形成连贯的代码，即程序。

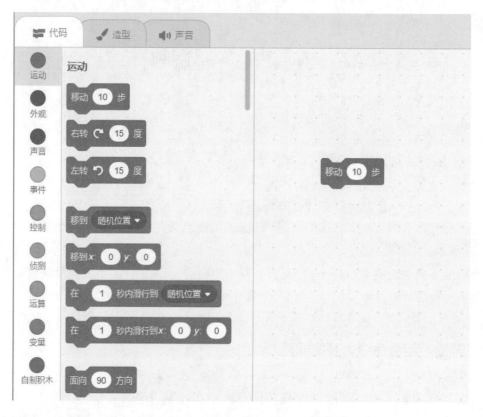

将命令从代码库拖曳到小猫的代码窗口中。我们立即尝试：

1. 连续四次拖曳同一命令：在 1 秒内滑行到 x: … y: …进入小猫的代码窗口。

2. 更改 x 和 y 的值（注意负号）：

3. 现在将四个积木合并为一段程序。当你将一个积木从上方或下方向另一个积木靠近时，会出现一个灰色的链接阴影。如果松手，它将与另一个积木组合在一起。你也可以在现有的几个积木之间插入一个积木。

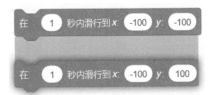

最后，整个命令清单是这样的：

4. 现在，你可以通过单击最上方的积木来启动整个命令清单（程序）。

会发生什么呢？小猫在舞台的四个象限之间徘徊。四秒钟后完成。

如何拆卸积木？

尝试一下。如果用鼠标单击并拖动最上方的积木，整个命令清单会随之移动。但是，如果你选择中间的一个积木，命令清单便会被分开。

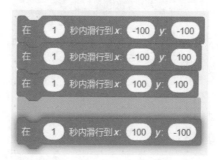

如果要将所有积木分开，请向下拉最下方的积木，直到所有积木彼此分开为止。这样测试几次。短时间后，你会对如何将积木组装在一起并拆开产生感觉。

删除和复制

你可以随时从代码窗口中删除不再需要的积木。最简单的方法是用鼠标抓住它，并向左拖回代码库中。这样，你也可以删除整个连接在一起的命令积木。如果要删除单个积木，也可以右键单击需要删除的积木，然后选择删除。

要实现复制，请使用鼠标右键单击一个积木，然后选择复制。

你会得到一个与你所单击的积木完全相同的积木。如果已经连接了多个积木，你可以通过右键单击顶部的积木来复制全部积木。

程序变得越来越有趣

程序可以运行，太棒了。现在，我们可以对其进行一些改进。如果想让小猫总是从相同的起点开始，你只需要在程序的起始位置简单插入预定的位置。

如果小猫向左跑，它也应该向左看。然后，当它向右转时，它便向右看。为此，你必须添加两次方向切换。

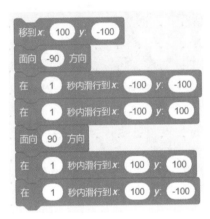

尝试一下。看到问题了吗？

第一次改变方向后，小猫上下颠倒了。

如何使小猫向左看而不会倒立？

你需要一个特殊的命令，该命令仅在开始时执行一次：

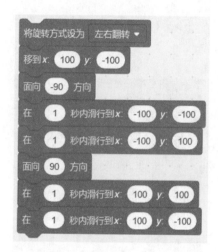

这个命令会更改旋转方式——使用左右翻转，小猫不再围绕自己的轴旋转，而是一直保持直立，并且看向左侧或右侧。因此它不再倒立。现在，我们的整个程序如下所示：

启动它——现在程序按照期望运行。当小猫行走时，它可以向左或向右转向行走方向。

声音和语音

你已经有点了解 Scratch 可以做什么了。但是，我们仍处于起步阶段。这才刚刚开始。让我们再看一些命令。也许小猫现在应该告诉我们一些事情。有两种方法可以做到这一点。

用对话气泡说

为此，我们需要紫色外观分类中的积木。

选择其中最上方的积木，将其拖到小猫的代码窗口中，然后输入文字，如"你好吗？"。

如果单击该积木，小猫头上会出现一个对话气泡，并且会说："你好吗？"

已经挺棒啦。但是，等一下。小猫是不是应该真正说出来，让你听到，而不是仅仅显示气泡？的确，Scratch 也可以实现！

文字朗读

为此，我们需要从文字朗读类别中找到一条命令。这些命令是所谓的扩展，从一开始没有包含在 Scratch 中。你必须快速执行，但这很简单。

单击左下角的蓝色图标 。

系统会弹出一个窗口，其中包含大量的扩展命令，我们可以在 Scratch 中随时添加。选择名为文字朗读的模块。

单击一次，即可在 Scratch 中使用此类别。

现在，选择最下方的类别，有三个新的命令积木可供选择。

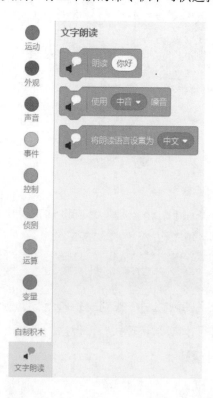

> **需要连接互联网**
>
> 你必须在联网时才能使用这些命令。语音输出需要连接互联网。

将第一个绿色命令积木拖到代码窗口中，并将其连接到紫色的对话气泡命令中。例如：

单击上方程序会发生什么？小猫会说话，同时显示它的对话气泡！太酷了！

唯一的问题：讲话后气泡一直留在那里。

你可以改变这个情况——在后方插入不带文本的"说"命令❶，就可以确保对话气泡消失。即：

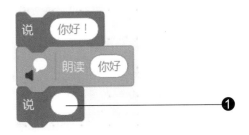

现在是不是动得太快了？你现在要马上了解另外一个命令，来解决过快的问题。

等待命令——这样不会动得过快

从橙色类别中拖曳第一个命令积木：

等待 x 秒。

这个积木有什么用，一目了然。就是直接等待一秒钟，不发生任何事情。你将能够在以后一次又一次地使用此命令。将其插入我们的小程序中：

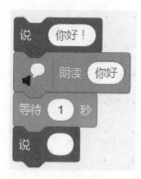

这样就能完美运行了！一秒钟后，输入空白"说"命令——这将使对话气泡消失。

你现在已经可以自己进行实验了。在将所有你已经可以运用的功能都放入自己的实际操作项目中之前，你要再简要了解一些外观和声音类别中的实用命令。

更改角色外观的命令

首次尝试时，我建议你使用一些可以改变角色外观的命令。

更换造型

你知道一个角色可以有很多种造型，即多种外观。一方面，素材库中的预设角色经常会带上几套造型；另一方面，你可以为每个角色添加尽可能多的其他造型。

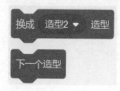

使用这些命令，你可以更改角色的外观。你可以通过在命令积木中选择造型的名称来切换到特定的造型，也可以直接切换到角色中包含的下一个造型。尝试一下！

你可以使用完全相同的背景。通过命令简单更改背景——前提是你先前已在项目中创建了另一个背景。

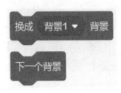

显示和隐藏

这两个命令使角色可以被看到或不可以被看到。如果角色在开始时不需要出演，只是稍后出现，那么这个功能非常实用。提示牌或者"游戏结束"的字样就是仅在需要时才显示的角色。以后，你肯定会需要这些命令。

通过命令更改大小

你不仅可以在角色检查器的预设中设置角色的大小，还可以使用程序中的命令轻松实现。也许你的角色在每一步之后都应该有所增大，或者最终变得很大。无论你想要什么，都可以使用这些积木来实现。可以输入增大或者减小的数值，例如，输入10（角色将增加10%）或 –10（角色将减小10%）。也可以在大小设置中输入尺寸（这里也是输入百分比）。下面就让我们用这些命令进行一次彻底的测试。

其他用来改变外观的命令

你可以使用这些命令赋予角色更多不同的效果，例如：更改颜色，甚至使其看起来失真或透明。

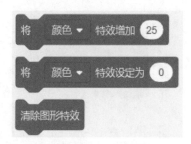

这样，你就可以在舞台的前景或背景放置角色，有多个角色时，这一点很有用，当彼此重叠时，哪个角色需要移动到哪里就变得非常重要。这些功能有些特殊，就看你如何使用它们。

使用角色的声音

除了运动和外观，角色的声音也起着重要的作用。我们已经使用文字朗读积木让角色说话了，这是一个很棒的声音选择。也许小猫应该喵喵叫，狗应该汪汪吠（当然也可以反过来），宇宙飞船发出嘶嘶声或爆炸声，或者你想演奏一些音乐。Scratch 为你提供了实现这些想法的可能。

看一下有关声音主题的命令积木。

这是最重要的三个声音命令积木。使用前两个，你可以播放角色声音（声音必须分配给角色），如果角色有多种声音，则会播放你在命令积木中选择的声音。

第一个积木和第二个积木有什么区别？使用第一个（播放声音……等待播完），声音播放到完全结束为止，然后才会运行整列中的下一个积木。

第二个积木开始播放声音，然后继续运行下一个积木。它允许小猫同时发出喵声和移动。但注意：如果以后要播放其他声音，就不能再听到第一个声音了，因为每个新声音都会中断前一个声音。举个例子：

如果你启动此积木，就只会听到一次"喵"声，因为第二个"喵"紧跟着第一个开始。

在这里，你可以一个接一个地听到两个"喵"声，因为第一个声音在第二个声音开始之前被完整播放。

可以使用积木停止所有声音，重新变安静。如果你的声音不是一个短促的声响，而是一整首音乐，那么这项功能就非常重要了。你可以再次关闭音乐。

你可以使用这些声音命令为角色的声音添加效果，或者更改音量。如果你有兴趣，请尝试一下。

现在，我们知道了所有可以更改角色的移动、外观和声音的重要命令。我们想马上做点什么！

一场小型魔术秀

我们现在用几个刚才已经认识的命令积木，制作一部小型动画电影。在仿照完成此示例后，你可以根据需要进行变更和拓展——当然，你也可以制作自己的电影。

创意

这部电影应该展现简单的背景。魔法师应当从左侧滑入舞台中央，然后自我介绍。使用对话气泡和语音。然后，他应该说一句咒语，随着一个魔幻的声音，他消失了。

我们应该怎么做?

1. 启动 Scratch。首先，从素材库中删除小猫（单击小垃圾桶图标）。

2. 从素材库中选择图片蓝天（Blue Sky）作为背景。

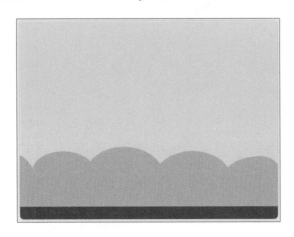

3. 现在从素材库中选择 Wizard 角色，也就是魔法师。将其重新命名为魔法师。在"角色检查器"中将其大小设置为 80%，否则会过大。

4. 使用鼠标将魔法师尽可能地拖到舞台最左侧，直到只能看到他的边缘。

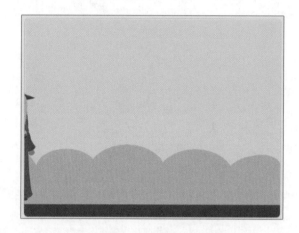

5. 我们想让魔法师从这个位置开始。因此，在程序开始时，你需要使用命令将其放置在此位置上。将蓝色命令积木"移到 x: … y: …"从运动类别拖进代码窗口，其会自动填入魔法师刚刚拖到的位置。

6. 现在，将魔法师拖到舞台中心，他应该在那里结束。

7. 现在将蓝色命令积木"在 1 秒内滑行到 x: … y: … "拖进代码窗口。这个积木会自动填入当前位置。

8. 将两个积木组成一小段代码。

9. 启动程序，看看魔法师如何从左侧开始移动到中间。这样，我们的小电影就开始了。

10. 在继续进行前，魔法师应该等一会再继续。为此，需要控制类别中的橙色等待积木。将其拖进代码窗口并附加到程序后。

11. 现在魔法师应该讲话了。为此，请首先使用外观类别中的对话气泡积木 "说……"。在其中写入合适的文本，并将该积木加入程序中。简单测试一下。

12. 为了使魔法师不仅可以显示对话气泡，而且可以真正讲话，你现在必须再次 使用文字朗读类别中的命令，"朗读……"。如果该类别不存在，则必须再次添 加，并在左下方添加蓝色符号。

　　然后，将积木拖到代码窗口中，并输入和对话气泡中相同的文本。另外， 你应该提前创建并插入 "使用男高音嗓音" 的积木，否则魔法师将以女性声音 讲话。顺便说一句，"巨人" 也是个不错的声音——听起来更令人毛骨悚然。

13. 对话气泡应在讲话后一秒钟时消失。为此，插入以下两个积木。

14. 你现在可以再次测试这个程序。注意，所有积木需要组合在一起。魔法师应该 从左侧出现，滑动到中间，然后在一秒钟内开始讲话，同时会出现对话气泡和 声音。此后不久，对话气泡消失。

15. 现在，魔法师应该说出他的咒语"阿布拉卡达布拉！"。我们将像以前一样进行操作。

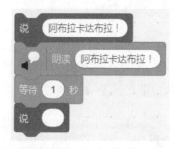

这次不必将语音设置为男高音或巨人，因为之前已经设置过了，此设置将继续被应用。

16. 就快结束了。现在只需要让魔法师消失了。为此，需要一个隐藏命令，然后就再也看不到魔法师了。

17. 为了让效果更加显著，还可以添加一个合适的声音。魔法师角色已经加入。前往声音类别，并且选择"播放声音 Magic Spell 等待播完"（Magic Spell 意为魔咒）。

18. 最后，看不见的魔法师说了一句结束语。例如：

19. 现在，还有一件小事。由于魔法师在最后是不可见的，因此必须在程序开始时将其设为可见。否则你将无法连续播放该程序两次——在第二次时就会完全看不到他。因此，你可以在程序最上方添加以下命令：

原来是这样！如果你完全按照以上描述进行了操作，那么现在完成的程序应如下所示：

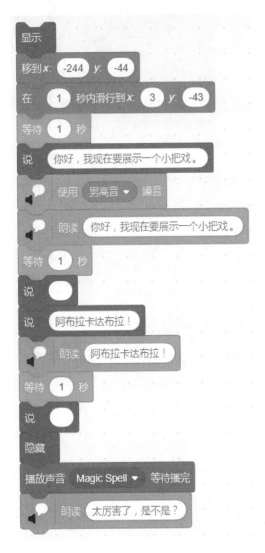

现在，你可以进行程序测试了。魔法师来了、说话、说自己的咒语，并在魔幻的声音中消失，然后在他隐身时再次说话。符合这个顺序，是不是？

保存程序

如果你为编程做了很多工作，那你一定要把它们保存在计算机上，否则下次启动 Scratch 时程序会消失。为此，请在上方的文件菜单中选择"保存到电脑"。

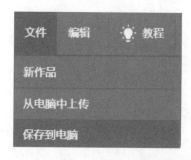

之后，为你的程序输入一个合适的名称，例如，"魔法把戏"或者你想要的名称。然后单击保存，你的程序便会被保存。使用时从电脑中上传文件，稍后你可以随时重复加载和查看，并且可以继续创作。

保存单个角色

顺便说一下，你还可以保存单个角色。例如，将魔法师及其代码一同保存，以便以后可以在其他程序中重复使用。右键单击检查器中的角色，然后选择"导出"。

你可以将此角色保存为 sprite 文件，然后将此文件重新作为角色上传到其他项目中。

变更程序

都明白了吗？再次运行整个程序，然后搞清楚每个命令积木的作用。接着试试改动！你可以变更文本、位置、等待时间、魔法师的声音。你还可以添加新的命令积木并查看会发生什么。魔法师可以更高，或者可以变得透明并不会简单消失。

替代隐藏，你可以使用：

或者

或者其他完全不同的功能。你只需要在程序开始时将所有数值重置，否则魔法师将永远保持这种状态。

试一试该程序，尝试各种可能的方式，并且测试会发生什么。有时，人们会在尝试的过程中发现令人非常疯狂和兴奋的内容。

你自己的电影

现在轮到你了。重新启动 Scratch（可以通过点击左上方的"文件"并选择"新作品"），开始制作自己的电影。内容是什么，有谁参与演出，完全由你自己决定。选择合适的背景和合适的角色，然后开工！

有趣的创意！

例如，这样设计：

1. 一张活泼有趣的假日明信片，上面有你最近一次度假地点的背景图，并向你打招呼。

2. 一部恐怖电影，其中出现阴森森的内容或小小的恶作剧。

3. 一只飞过屏幕并发出声响的苍蝇。

4. 一个来到地球上的外星人。

5. 或者任何一个你的想法！

最好使用已经了解的命令积木，尝试如何实现你的想法。提前考虑一下，应该先发生什么，接着尝试使用 Scratch 来实现它。

没有从天而降的大师

不要在你自己的第一个程序中做太多的事情。现在，你可能还不能完全实现自己的想法。但是，稍后你将学习如何更好地掌控它们，因为还可以添加更多新元素。尽管如此，你已经可以使用自己熟悉的技术做很多事情了。

第一次开始简单尝试，然后逐步拓展程序。这个过程真的很有趣，相信你会体会到的！

第5章
个性背景和造型

> 如果你不希望总是使用现成的模板来展示角色和造型，那么你可以使用自己的图片，这些图片肯定是你希望的样子。有多种方法使用自己的图片，其中最易于操作的是 Scratch 中的角色编辑器。

假设你想使用飞机或 Scratch 中的著名卡通角色、特殊的笑脸或上面印有你名字的角色。或者，你想在自己设计的空间中运行一个 Scratch 程序。

Scratch 提供了不少用于各种用途的预制角色和背景，但数量毕竟是有限的，并且有无数没有预设的创意。

幸运的是，在 Scratch 中使用和创建自己的角色和舞台非常容易。你可以使用硬盘上或从互联网上其他位置下载的图片、剪贴画或照片（确保它们可以合法使用且不涉及版权问题），或者使用图像处理程序创建图像（例如：Photoshop、Affinity Photo、GIMP、Paint、Illustrator 或计算机上的任何其他同类程序）。

在 Scratch 中，你也可以轻松、快速地绘制和创造自己的角色和背景。为此，Scratch 提供了一个内置的编辑器，其功能足以满足你在 Scratch 中创建大多数游戏和动画的需要。

让我们从导入成品图画和图像开始。

Scratch 中来自其他来源的图片

如果你希望在 Scratch 中上传现有的图片，那么图片必须作为文件保存在硬盘上。

你可以在 Scratch 中上传不同格式的文件，既包含位图文件，例如 JPG、BMP、PNG 或 GIF 文件，也包含 SVG 格式的文件。

Scratch 可以使用矢量图，也可以使用位图进行处理。

什么是矢量图和位图？

位图是经典的、光栅化的图像文件，其中包含绘制或拍摄的图像，就像从打印机中打印的图像一样。这种图像由许多非常小的彩色圆点组成。如果放大图像，它们将变得更粗糙，并且可以在某处看到这些点。照片始终保存为位图文件。位图可以在一定程度上进行旋转、移动、适当放大或缩小，但是除非使用画笔在其上绘画或使用图像程序对其进行操作，否则无法更改其内容。

位图是所有照片和许多绘制角色的常规格式。位图文件格式为 JPG、BMP、GIF、PNG。你可能从照片文件中知道 JPG 以及 PNG 格式。

也有矢量图片文件。在这里，图像不会保存为成千上万的小点，但是图像的元素被创建为对象。这意味着什么？矢量图由正方形、圆形、直线和点之类的对象组成，其属性（大小、宽度、角度、颜色）被保存在图像中。每次显示图像时，都会根据这些属性重新计算出所需的大小。因此，这些图片不会被分解成许多点，而是被统一保存为相应的大小。矢量图的各个对象也可以在以后进行编辑。你可以轻松更改单个图片元素的填充颜色、大小、位置和线条粗细，而不必重新绘制整个图片或删除任何内容。

可以使用 Scratch 处理的矢量格式被称为 SVG。Scratch 素材库中包含的角色都是矢量格式的。因此，你可以轻松更改它们的颜色甚至形状。

在Scratch中从文件上传背景

实际上，你可以使用很多格式的文件充当背景，无论 JPG、BMP、GIF、PNG 文件，还是 SVG 格式的文件，无论照片，还是图像，它们都适合当背景，因为背景不必移动或者在游戏中变更。它们是固定的。SVG 格式的文件可以在 Scratch 中进行编辑，而其他格式的文件应当为制作完成的，因为这些文件不能在 Scratch 中进行任何修改。

将鼠标移动到 Scratch 整个界面中右下角的图标上，并点击上传背景。

现在，你可以从硬盘中选择一个保存的图片。将其创建为背景，并放置在你的舞台上。如果你的图片（或你的照片）尺寸恰好为 480×360 像素，则它恰好匹配舞台。否则，它将自动缩放以填充舞台背景。

在 Scratch 中上传角色

对于角色或造型，我建议使用 PNG、GIF 或 SVG 格式的文件，因为角色通常需要透明背景，以便它们在舞台上移动时看起来很逼真。

具有透明背景的 PNG 或 GIF 格式的文件就像剪纸角色一样，可以在舞台上滑动。这样能更方便地开展工作。另一方面，SVG 是一种矢量格式，其外观还可以更改。因此，你可以在 Scratch 中更改其颜色、线条宽度和其他项目。

为了在 Scratch 中使用文件上传角色，请将鼠标移动到右下角的角色符号，然后选择上传角色。

现在，你可以选择角色文件。就像刚刚所说的，最好是 PNG、GIF 或 SVG 格式的文件。

你可以在角色检查器中调整角色的大小、放置好位置并旋转，然后像其他任何角色一样在 Scratch 中使用。如果它是矢量图（SVG），你甚至可以在 Scratch 编辑器中对其进行编辑和调整。

> **你也可以使用 sprite 文件**
>
> 如果你将其他程序中的角色保存为 sprite 文件，你可以在此上传，并且插入项目中。为此，选择扩展名为 .sprite 的文件。然后，之前保存的、包含你所提供的全部代码的角色就会出现。

现在我们来介绍最有趣的部分。

在 Scratch 中自己创建和编辑角色和背景

在创建自己的游戏时，通常会需要尚未提供的元素，并且必须创建自己的元素。这些不一定是复杂的小人或宇宙飞船，也可以只是一根线条、一个圆形、一个三角形、一个平台或一个带有文字的标志。

你可以在 Scratch 中轻松创建此类元素，并且在工作时始终可以更改和调整它们。

我将在这里说明如何创建和编辑角色。基本上，这同样适用于背景。将鼠标移至右下角的图标选择一个角色上，然后选择绘制。

现在，你创建了一个新的空白角色，你可以在自动跳出的编辑器中进行编辑。

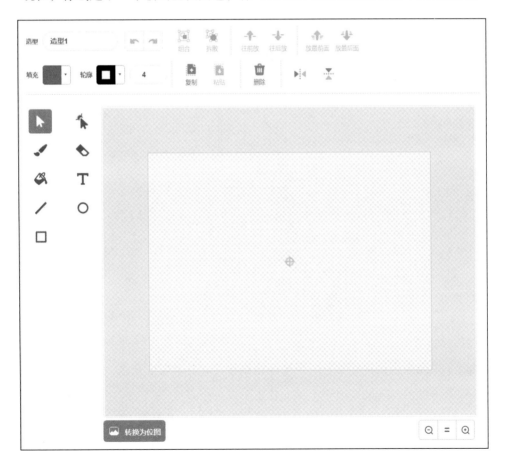

默认情况下，角色编辑器始终处于矢量模式。并且，在你创建自己的角色时，你的角色应该留在其中。

什么是矢量模式?

如前所述，矢量模式意味着角色的每个正方形、圆形、其他形状、每条直线或每一个点都是单独的对象，你可以随时对其中的某一部分进行编辑。对象具有诸如大小、形状、填充颜色等属性。你可以在开始时进行设置，以后继续进行更改。

形状和颜色

先以矩形为例，选择矩形进行绘制。你可以在下方的绘图工具中找到。

在绘制矩形之前，可以设置颜色属性。你可以设置填充的颜色、轮廓颜色和轮廓粗细。

此处，填充颜色设置为紫色，轮廓颜色设置为无色，轮廓宽度设置为 0。试试将填充颜色设置为红色。为此，请单击填充色中的红色正方形。

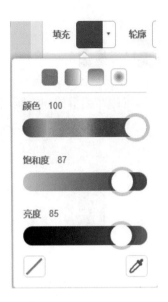

使用颜色选择器，你可以设置漂亮的红色。将轮廓颜色设置为黑色。请单击轮廓颜色选择器。

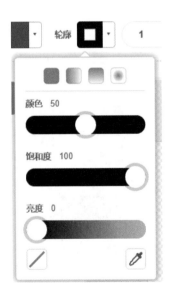

显示"亮度：0"时，颜色就已经是黑色了。

现在，你可以为轮廓宽度输入 5，这样可以得到清晰的边缘。

你已经做出了设置。现在，用鼠标在编辑器中绘制出一个矩形。

对象，此处为矩形，已经按照你设置的属性出现在其中。正如你看到的那样，图形周围有蓝色边框和八个抓取点。

现在，你可以使用抓取点随时更改矩形对象的大小。单击这些点中的一个并拖动。使用下方弯曲双向箭头按钮的抓取点，可以旋转矩形。

只要矩形是有标记（蓝色轮廓线）的，你就可以继续更改其颜色和轮廓宽度。然后矩形就可以立即得到调整。

在矩形外部的绘图区域上单击一次，矩形就不再被选中。

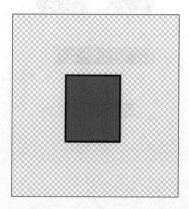

但是，你仍然可以在以后随时更改它。你要做的就是再次标记它。你可以使用工具栏左上方的箭头符号来执行此操作。

单击箭头，然后选择矩形，你便可以再次移动、放大、缩小、旋转和更改其颜色。

你也可以用相同的方式绘制圆形和直线对象。尝试在红色矩形中添加绿色圆圈和蓝色粗线。

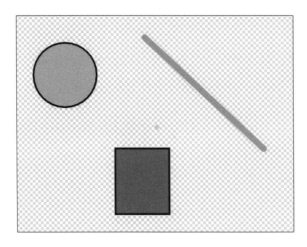

是不是完全没问题？你也可以随时更改这三个对象的所有属性。

由纯色变为渐变

你还可以选择两种颜色制作渐变色作为填充颜色。

在选择填充颜色时，单击顶部的渐变符号之一，选择渐变类型和两种渐变颜色即可。

它可以用来创建漂亮的混合效果。

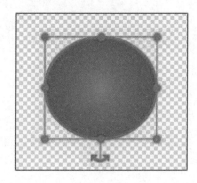

改变对象的形状

对象的形状也可以自由更改。例如，你可以自由移动矩形的各个角，甚至可以增加角的数量。选择一个矩形，然后单击箭头符号旁边的角箭头。

现在，你可以用鼠标抓住和移动矩形的每个角，或者通过单击直线来创建和移动新的点。你还可以使用每个点左右两侧的手柄调整线的曲率（这也被称为贝塞尔曲线）。实际操作一下——你就可以创造出各种能够想象出来的形状。

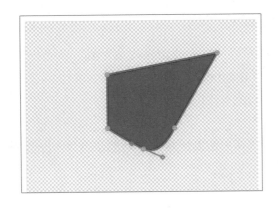

放大和缩小视图

如果你可以精确地使用点，你就可以看到所有重要内容。这时你可以放大和缩小绘图区域。你需要在绘图区域下方找到右侧的小放大镜符号。使用"+"进行放大，使用"–"进行缩小。单击"="符号，你可以看到整个绘图区域的完整视图。（除了单击放大镜符号，你还可以在按住"Ctrl"键的同时转动鼠标滚轮。）

自由绘制对象

使用画笔工具，你可以在按下鼠标按键时自由绘制矢量图。每当你放下画笔（松开鼠标按键）时，就创建了一个对象。你还可以更改自由绘制的对象，改变画笔颜色、线条粗细、位置、大小、点。

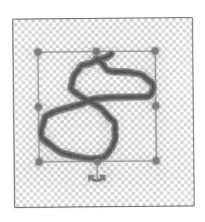

自由绘制的形状也是可编辑的对象。

擦除对象的部分区域

要擦除对象的某些部分，只需使用橡皮擦工具，就可以将你的对象进行相应调整。擦除后也能够进行再次编辑。

复制对象

要复制对象，你可以使用绘制区域上方的两个符号——复制①和粘贴②——来执行此操作：

复制一次，粘贴一次，你将拥有两个相同的对象，然后可以分别进行处理。

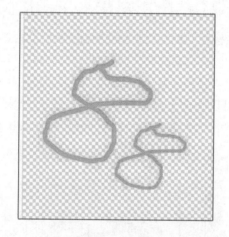

删除对象

要删除对象，需要先选择对象，然后按删除键（Delete 或 Backspace），或者单击绘图区域上方的垃圾桶图标。

同时处理多个对象

要同时编辑两个或多个对象时，请先使用选择工具（左上角箭头），然后在两个对象周围按住鼠标左键并拖动画出一个框，以便将所有内容选中。现在，你可以同时对两个对象进行放大、缩小、移动、旋转、设置颜色等。

组合对象

为了使两个选中的对象固定关联在一起，可以对对象进行组合。通过单击组合图标就可以完成此操作。

使用第一个符号组合几个选定的对象，使用第二个符号把一个组合拆散。

往前放和往后放

同样重要的是，对象位于哪个级别上。如果你有一个矩形和一个圆形，它们的排列可能如下图所示：

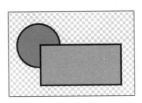

或者：

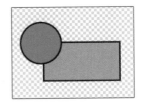

矩形在圆形上或圆形在矩形上，这有很大不同。

为了在图层中移动形状，即确定形状是显示在前面还是后面，是上层还是下层，有一个图标用于排列对象。

使用这些箭头可以将当前标记的对象向前或向后移动。操作试试，你将看到它如何工作。

使对象镜像翻转

使用这两个图标，你可以水平或垂直镜像翻转每个对象。

如果事先复制了对象，则可以使用它创建出漂亮的对称图形。

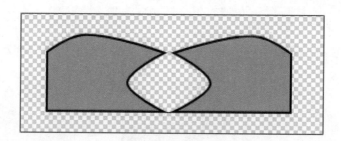

在编辑器中创建文本

如果你需要写个提示牌（如"开始""游戏结束""胜利"）或想要创建用于单击的按钮，那么你需要使用文本功能。从工具栏中选择文本工具"T"，然后单击绘图区域。现在，你可以输入任何文本。你可以随时更改其属性，例如字体（有 7 种可供选择）、文本颜色等。你可以随时使用鼠标更改文本的宽度和高度。

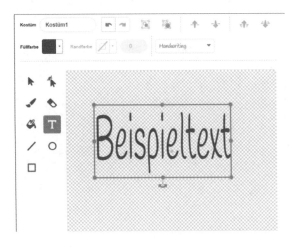

如需创建文本阴影，你可以先将文本设成浅灰色，然后将其复制并将副本的颜色更改为强烈的颜色，接着稍微移动错位。

这些都是角色和背景的图像编辑器中最重要的功能。

撤销更改

啊，对了！有一件非常重要的事情：你可以在编辑器中撤销编辑过程中的每个操作，甚至可以连续执行多次撤销。

为此，只需单击绘图区域上方的撤销箭头，或按键盘上的 Ctrl + Z（苹果电脑上为 cmd + Z）。单击右侧的箭头可恢复刚刚撤销的操作。

现在轮到你了

现在是时候让你自己体验编辑器了。操作试试：绘制对象、更改它们——设置颜色和线条粗细、拖动、放大、缩小、选择标记、移动、删除……

直到你真正感到妥当了为止。以后，你会很乐意使用编辑器。

任务：创建自己的游戏角色

画一个漂亮的机器人游戏角色。使用不同的形状、线条和颜色。还可以使用复制对象简化操作。

你的机器人肯定会更棒的！

一定要保存好自己的角色，因为以后你可以在自己的游戏中使用它！

现在，你已经了解了有关设计的所有重要信息。这对你自己构建程序非常有帮助。

现在让我们回到编程！

第6章

发送消息： 程序如何互相通信？

通过逐个排列命令可以做很多事情。开始之后，角色将完全按照你给出的程序进行表演。但是，如果你有几个角色需要交替出现，甚至同时出现，该怎么办？

假设你有一只小猫和一只小狗。程序任务如下。小猫出现在舞台上说："你好！"然后它等待一秒钟。一秒钟后，它的朋友小狗进入图中，对小猫说："你好！"然后出现"结束"，程序停止。

这听起来很简单。你觉得可以实现所有内容：角色移动、出现和说话。但是，如果你现在尝试，不久后就会遇到问题。

你如何确保只在小猫叫小狗时，小狗才出现？程序如何显示结尾的标志——"结束"？

小猫可以命令小狗出现和启动代码吗？

不行，这的确行不通。通常，只能显示和移动每个角色。角色的代码始终仅控制所属的角色。

那么如何确保小狗在小猫完成动作后才出现呢？

Scratch 中有所谓的"消息"，每个角色都可以"向所有人发送消息"。

什么是消息？

再次想象一下真正的戏剧。当演员活跃在舞台上时，其他演员可能正在幕后等待上场。现在，舞台后面有了扬声器系统。在某个时候，扬声器可能会播放声音："注意啦，小狗准备登台！"观众无法听到这个消息，因为只有在幕后才能听到，但所有角色都可以听到。其他角色没有反应，但是小狗知道："这是给我的提示！"当小狗听到此消息时，它走上舞台并说出自己的台词，或者可能消失了、又出现了、开始跳舞、改变颜色——对小狗而言，它听到了什么消息就会做出相应的反应。

该消息也可能是："所有角色都在大结局前去前面！"然后，也许所有角色都同时做出了反应。或者是："片尾，所有人停止！"然后所有演员都知道应该停止正在做的事情。

> **在 Scratch 中发送消息**
>
> 在 Scratch 中，每个角色都可以"向所有人发送消息"。你需要告诉每个角色对哪些消息做出反应，以及下一步该做什么。这样，角色可以相互交流并对发生的事情做出反应。

现在，让我们试一下：你需要一只小狗和一只小猫，大小无关紧要。

1. 将小狗和小猫都放在舞台的最左边。

2. 还有：你需要让小狗角色检查器不可见 ❶

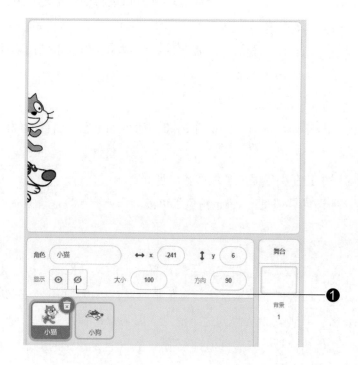

3. 现在，给小猫一个简单的代码，用于让小猫上台说："你好！"然后呼喊小狗，
注意，要尽可能简单些。

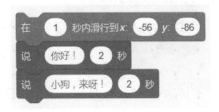

这就行了。

试试看，小猫从左到右滑到舞台上说："你好！"两秒钟后，气泡消失，小猫呼喊
小狗。两秒钟后，对话气泡也消失了。

到目前为止，一切都很好！现在，小猫完成了，该小狗出现了。现在，消息开始
起作用，前面已经提到过，小猫会发出消息，说小狗应该来。小狗应该回应这个消息。

广播消息

在左列中，转到事件命令类型（浅橙色）。在那里，你将找到我们马上需要的两个
命令。

使用下面的命令，你可以向所有人发送消息；使用上面的命令，你可以对消息做
出反应。

1. 使用下面的命令广播消息 1，将其插入小猫的代码中。

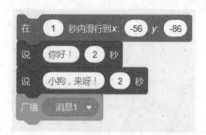

2. 你希望发送一条自己的消息，消息不能被简单称为消息 1。因此，你必须创建一条新消息。单击消息 1，然后选择"新消息"。

3. 现在，你可以输入新消息的名称，例如：小狗上场。

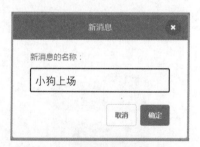

4. 单击"确定"，你就创建了小猫需要发送的消息。

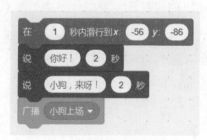

这意味着：在小猫走到中间并说话之后，它会向所有角色发送消息"小狗上场"。

但是，到现在为止什么都没有发生。当扬声器广播时，没人听到有人说话。只有当角色对这个消息产生反应时，才会发生些什么。它不是单独发生的，因此，你必须编程。谁应当对这条消息做出反应呢？当然是小狗。

接收消息并反应

1. 切换到小狗的代码窗口。这次你使用其他命令，也就是当接收到消息。

这是所谓的触发事件。可以启动一个程序。只要接收到这条信息，所有在这条命令下连接的命令，就会立即执行。（第8章中详细介绍了更多启动事件。）

2. 现在，补充完成小狗的代码：

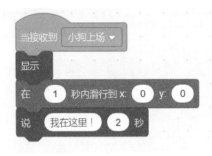

当小狗收到消息时，它变得可见、滑入舞台中央并说："我在这里！"

3. 将两个角色放在左侧边缘的起始位置。使小狗再次不可见，然后使用小猫的代码启动程序。

小猫来了，说："你好！"呼唤小狗。然后小狗来了，说："我在这里！"

最后一条消息

最后出现的是一个"结束"的标志。你必须首先创建此标志的角色。

将"结束"符号放置在舞台上方，并将其设置为不可见（关闭显示）。

现在需要扩充小狗的代码。如果代码已经完成，需要小狗发送信息，然后"结束"标志出现。

为此，你必须再次创建新消息。这次你命名为"结束"。

好的——如果现在发送"结束"，则"结束"标志接收消息并且变得可见。你转到新角色"结束"的代码窗口，并创建以下代码：

仅此而已。下面，让我们来启动这些程序。将小狗和小猫向左推，并使其不可见；将"结束"标志向左推，直至不可见。

然后启动小猫的代码。小猫来了、说话、向小狗发送消息，然后狗来了、说话并向标志发送消息，最后出现"结束"标志。

如果你完全按照说明进行了操作，则该程序将运行。我们再次在下框中总结：

> **重复：一个角色呼唤另一个角色**
>
> 如果希望在 Scratch 中一个角色的代码可以调用另外一个角色的代码，则可以通过第一个代码发送一条消息来实现。然后，另一个代码接收此消息并启动它。例如，你可以让不同角色的动作接续发生。

一条消息同时用于多个角色

消息可以这样使用：单个代码一个接一个地启动。通过一条消息同时启动多个角色的大量代码也是可行的。

例如，希望让小狗和小猫重新返回到起始位置，并在此过程中，小狗以及"结束"标志不可见，则可以通过一条消息开始所有这些操作。然后，几个角色必须对此消息做出反应。

1. 创建一条新消息：起始位置。

现在有了新消息"起始位置"。你只需要告诉每个角色它们在收到此消息时的确切动作操作。

2. 从小猫开始。在收到消息"起始位置"后，小猫应当向左下方移动。因此，在代码窗口中创建以下程序：

3. 现在切换到小狗的代码窗口：

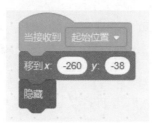

在收到消息"起始位置"时，小狗也转到左边缘并隐藏。

4. 下面是"结束"标志的代码。当然，一开始它应该是不可见的：

该标志在启动时直接隐藏。现在，你已经创建了一条消息"起始位置"，该消息使三个角色都返回各自的起始位置，并且其中两个设为隐藏。

5. 返回小猫的代码。如果你现在在小猫代码开始时设置积木广播"起始位置"，然后我们的程序就会一直从正确的初始位置开始，并且你必须手动重置所有角色。

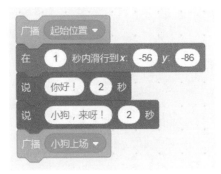

尝试一下：单击上面的小猫代码，所有角色均从正确的起始位置开始，程序按期望的方式运行。

> **游戏开始或结束的消息**
>
> 借助消息可一次启动多个代码，所有代码都会对此消息做出反应。这使得使用一个命令将所有角色重置到各自的起始位置，或创建另一个所需的游戏状态成为可能。

使用消息实现多重效果

本章的最后，是一个小型的、很酷的效果程序，我们在其中尝试如何对多个角色同时分配指令。

1. 创建一个新作品。

2. 将小猫的大小设置为 30%。

3. 要想将此代码给小猫，你需要创建一个名为"去中间"的新消息。

如果现在发送了"去中间"的消息，小猫会滑到舞台的中心。

4. 现在添加以下代码并创建一个名为"随机位置"的新消息。

当小猫收到"随机位置"消息时，它会滑动到任意一个位置。该积木确保每次调用小猫时，它都会从舞台上的任何位置滑动到其他位置。

这两个代码就足够了。

5. 现在，将小猫复制粘贴十次。

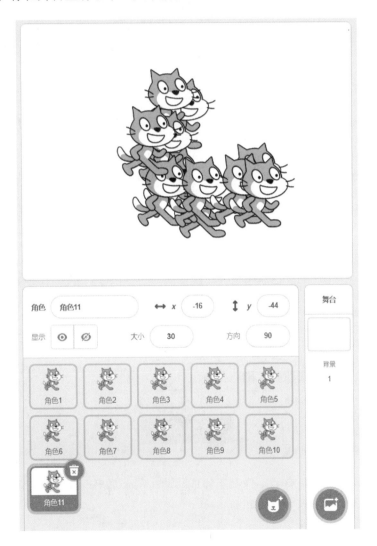

然后,你在舞台上有了十一只小猫。

由于复制时也会复制这些小猫的代码，因此这些小猫现在都收到了这两条消息。

6. 你现在可以立即尝试。只需前往命令条左下方点击事件，并且点击命令广播 "去中间"：

所有的小猫都滑入了舞台的中间，看起来就像只有一只小猫。

7. 现在，你将消息更改为"随机位置"：

8. 单击命令，现在所有的小猫都不停地移动，每个都出现在各自的随机位置上。

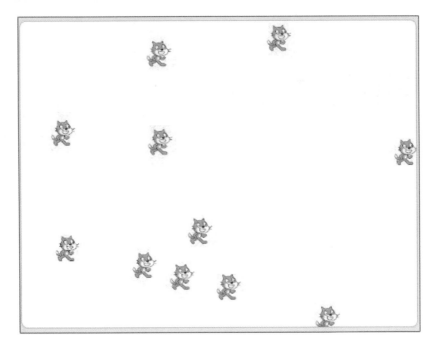

你也可以连续多次单击此命令。小猫一次又一次地改变自己的位置。很酷，是不是？

一次控制多个角色
使用消息，你可以轻松地使许多角色同时执行相同的操作命令。

第7章

循环重复让程序很强大

> 现在你可以构建真正的小程序了。但是，有一件事肯定会让你烦恼：如果你想使相同的事情一次又一次地发生，则必须费力地将相同的命令一个接一个地组合在一起。这会使程序很长且令人困惑。还有更容易的操作吗？当然有呀！

想象一下，你的角色（此处还是小猫）应该连续走 50 大步（每一大步包含 10 步）。在每个大步之后，短暂等待一会儿，更换造型（这样看起来像是跑步中的动作）。然后它应该停下来，转身后往回走 50 大步。这样，小猫看上去像是在正常行走。

所以应该发生下列事情：

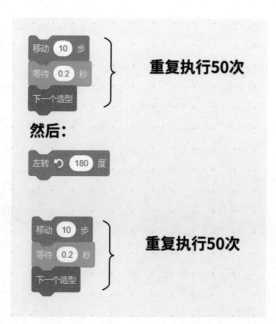

为此，你需要多少个命令积木？

你可以计算出：前进 50 次，换造型 50 次，等待 0.2 秒，这样就有 150 个积木了。然后旋转 180 度（至 –90 度），再使角色朝另外一个方向旋转。为此，你总共需要 301 个命令积木。

这不再适合代码窗口了，没法让人一下看清！除此之外，它还创建并连接了许多命令。

想象一下，在完成后，你希望角色移动得更快。因此，只能用等待 0.1 秒，替换等待 0.2 秒。为此，你必须在全部 100 个积木中手动更改数字。

那么，有没有一种更简单的方法来实现呢？对，是有的。

重复积木

我们需要的是重复积木。程序员也将其称为循环——该积木可确保连续多次执行相同的命令。进入代码库中的橙色控制类别：

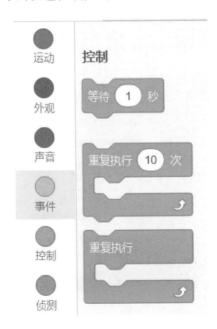

你已经使用了此类别中的等待命令。现在即将发生的事情更加重要和实用。

从顶部将第二个命令拖到代码窗口中：

你能想象到可以使用它做什么吗？

这是重复积木。它与普通命令积木的不同之处在于，它在中间有一个空隙，可以在其中插入任意数量的其他命令积木。你可以使用该积木来"包围"其他积木。

> **重复积木是一种包围积木**
> 重复执行积木包住的所有命令可以按照输入的数值重复执行许多遍。

让我们立即尝试一下。

1. 从代码库中拖出一个蓝色移动命令、一个橙色的等待命令和一个紫色的下一个造型命令并组合，接着将组合好的命令插入重复积木的框架中。将重复执行的数值设置为 50 次，并将等待时间设置为 0.2 秒。

> **①** **小数**
>
> 回想：在 Scratch 中，始终使用英文符号输入小数点（例如：0.5 或 6.2），即使用句点而不是句号。

2. 现在，将小猫尽可能地拖到舞台的左边缘，在上方单击程序积木以启动程序。

现在，小猫从最左边到最右边移动，不断改变其外观，使小猫看起来像在走路，总共走 50 大步。完成这些就只用了四个命令积木！

现在，我们完成了上述任务。

小猫应当走 50 大步（每大步之后换造型），然后转身再走 50 大步。

3. 有几种方法可以做到这一点。首先尝试：右键单击程序，然后选择最上方的"复制"。

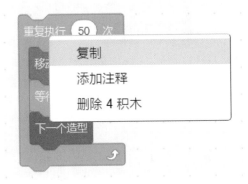

将两个相同的积木连接在一起。

4. 在这两者之间必须有旋转命令，以使小猫向左转，并且不会倒立，旋转类型应设为左右翻转。

整个程序如下所示：

5. 将小猫放在左侧边缘，然后开始！它一步一步地向最右侧运行，然后转身再回到左侧边缘。

可能只有一件事仍然困扰你。你复制了让小猫走 50 大步的积木并连续使用了两次。那么还可以更容易吗？毕竟，这个积木重复了两次。

当然可以啦。

嵌套循环

你也可以重复整个运动积木两次。

同样也可以使用重复命令。因此，你必须将两个重复的积木相互嵌套！看起来如何？

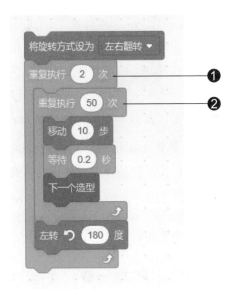

你理解它是如何运行的吗？如你所知，在内部积木❷中，执行了 50 次循环。最终，小猫转动 180 度。外部积木❶重复整个过程两次。你也可以将它重复 10 次，而小猫会来回奔跑 5 次。

仅 7 个命令而不是 301 个。如果需要，你可以使用它来来回回运行小猫几个小时！

快试试！

在你的程序中更改数值。把重复运行 2 次修改为 10 次，将步伐的数字修改为 30，更改旋转类型，然后观察会发生什么。考虑一下你尝试的所有内容、原因，以及程序的功能。

重复执行

如你在控制类别中看到的，还有第二种重复积木。这被称为重复执行。程序员将其称为无限循环。

没完没了运行？连续进行？永远进行？永无止境的重复有什么好处？

好吧，没有什么内容会在计算机上永远运行下去，否则你可能永远不能使用计算机了。重复执行不会自动结束。它仅在取消程序或使用特殊命令结束所有操作时结束。

你如何打断无限循环？

为了中断循环，你可以直接点击舞台上方绿色旗帜旁边的红色六边形。

如果你点击红色六边形 ❶（停止按钮），则每个正在运行的程序都会停止。

> **!**
>
> **重复执行**
>
> 重复执行积木用于重复执行被包围在内的命令，并且永远不会自动结束。仅当代码（程序）被取消时，命令才不再继续执行。

为什么需要这样的东西？

当你开始对游戏进行编程时（是的，游戏编程马上就要开始了），你会注意到，大多数游戏需要这样的重复，因为游戏的运行时间与玩家想要玩游戏的时间相同，不能提前停下来。游戏运行直到玩家玩到结束——这正是你需要无限循环的原因。

让我们马上尝试一下：

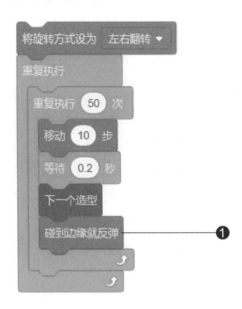

这里有一个新命令 ❶，叫作"碰到边缘就反弹"。

"碰到边缘就反弹"？

此命令是检查小猫是否碰到舞台边缘：如果不是，则什么也不会发生；如果碰到，则小猫将自动向相反的方向旋转，就像它会从边缘反弹一样。

那么该程序中会发生些什么呢？

小猫走一大步、稍等片刻、切换造型、检查是否在边缘，如果是，则转身。而且由于是无限循环，它会一遍又一遍地执行，直到你取消程序为止。

你可以选择一个好看的背景，然后开始。

挺好的，不是吗？只需执行六个命令，小猫就会永远在沙滩上来回跑动。

第8章

事件启动程序

到目前为止，你已经可以通过直接单击程序积木来启动程序了。从现在开始，你将只进行测试，因为有更好的选择。

也许你已经问过自己，舞台上方的绿色旗帜有什么用。当你单击它时，什么都不会发生。那是因为我们还没有告诉程序，如果你单击该标志，它将执行某些操作。

一旦出现特定事件，每个程序积木都可以自动启动。你已经从广播消息中了解到了这一点。但是，除了消息可以启动代码，还有什么其他事件可以启动代码？例如，当单击旗帜时，或者按下键盘上的某个按键时，又或者使用鼠标点击角色时。Scratch 可以对所有这些事件自动做出反应，然后启动程序积木。

事件作为程序的起始点

看看黄色事件命令。前三个对我们而言很重要。

事件启动如何操作?

我们直接试试。因为我们的确让小猫来回移动很多次了,所以这次我们使用其他角色。从你的项目中删除小猫,然后从素材库中选择一个新角色。在我们的示例中,选择的是甲虫(Beetle)。

现在创建以下程序:

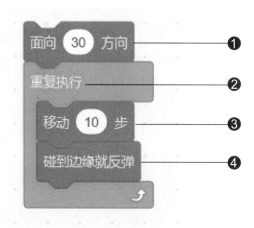

都看明白了吗? 将甲虫斜向右上方旋转 ❶,然后开始重复执行 ❷,在这种情况下,甲虫简单地向前移动 ❸,并在触到边缘时从边缘反弹 ❹。看起来很酷,不是吗?

用旗帜启动程序

现在我们将启动按钮加入游戏中。停止程序,并在上方插入旗帜启动按钮:

现在有什么不同？非常简单：现在，你无须单击程序积木就可以启动程序。你只需单击舞台上方的绿色旗帜，甲虫便开始运行！ Scratch 中的大多数程序是以绿色标记启动的。那就是它的用途。

> **！ 以事件命令作为启动按钮**
>
> 所有前文中完成的事件命令模块，像用于程序积木的启动按钮一样工作。这些命令，而且只有这些命令，可以随时自行启动程序积木。

如果只有一个程序积木，你可能会问，使用绿色旗帜标志为什么会比点击程序启动要简单。一旦有两个或两个以上同时启动的程序积木，你就会注意到旗帜标志的实用性，因为如果它们都以旗帜事件命令启动，旗帜可以同时启动所有程序。

要对此进行测试，你需要第二个游戏角色。例如，将素材库中的苹果作为一个新角色添加进来。

苹果应该执行与甲虫相同的程序。当然，你现在可以再次以相同的方式构建。而将程序积木完全复制到另一个角色中，也会更容易一些。

如何将代码从一个角色复制到另一个角色？

再次选择甲虫。然后，按住鼠标左键向右拖动甲虫的代码积木放入角色库，准确地放到苹果上。

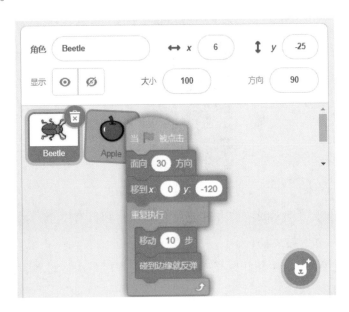

释放鼠标按键后再查看：相同的代码积木也出现在苹果上了！

现在，苹果和甲虫具有相同的程序，都是以旗帜事件自动开始的。单击旗帜标志，看看会发生什么：

甲虫和苹果同时启动，同时在舞台上飞过，并从边缘反弹。

> 通过事件同时启动多个程序积木，如果多个程序积木以相同的事件积木开头，则可以同时启动。你可以对每个事件或消息执行此操作。

稍后，可能有更多程序积木以旗帜或其他事件启动，这就取决于项目的规模。

使用键盘启动代码积木

现在，加入下一个事件命令。切换到苹果，并用键盘事件命令替换第一个命令：

试试看，现在会发生什么：如果单击绿色旗帜，则只有甲虫开始运动。按下键盘上的空格键，苹果才开始运动！

这是因为甲虫程序是由旗帜触发的，而苹果的程序是由按键触发的。在苹果的程序中，触发按键是空格键。

如果还可以使用一个按键停止程序，要如何操作？例如：使用 S 键。在甲虫中添加另一个小积木：

再次使用按键事件命令，但是将空格更改为 S。

然后是来自控制类别中的"停止全部脚本"。这是做什么用的？它会停止所有程序，也就是舞台上方的红色六边形。

你可以再次测试！看看会发生什么？甲虫以旗帜开始，苹果以空格键开始，如果你按下 S 键，一切程序再次结束。因此，你几乎可以使用键盘上的任何键启动程序积木。你可能产生了这样的想法……

如果通过按键控制角色的移动，又如何呢？

使用按键通过事件积木控制角色

现在变得真正令人兴奋。当甲虫在屏幕上运行时，我们将使用键盘控制甲虫。

你现在可以删除苹果。我们只是用苹果试做一下。甲虫再次成为我们的主角。再次使用旗帜开始甲虫的程序。目前已经添加了一小段程序积木。

只要按下上箭头按键，甲虫便会面向 0 度方向，即向上。

单击上方的代码积木，然后选择复制，可以将该程序复制三遍。在积木中更改数值，直到拥有四个程序。

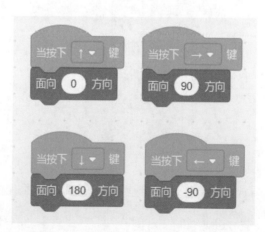

你了解这四个程序的作用吗？

如果按上箭头按键，甲虫会向上旋转；如果按右箭头按键，则向右旋转；如果按下箭头按键，则向下旋转；如果按左箭头按键，则向左旋转。同时，只要你使用旗帜启动它，它就会一直运行。

现在，你可以控制一只持续运动的甲虫了。立即尝试一下！

太棒了！这为以后创建小游戏打下了良好基础。不久之后，我们就能创建自己的小游戏了。但是，我们首先要尝试一些事情。

你是否为甲虫不断移动而烦恼？要如何控制角色，才能使甲虫仅在按方向键时移动一步？

给你的任务

重建程序，以便你可以使用方向键在四个方向中的任何一个方向上移动甲虫，而无须始终保持运行状态。甲虫仅在按下方向键时移动，否则应保持静止。

先尝试自行完成任务，不要直接照搬书中内容。提示：你不需要重复执行，因此你无须单击旗帜标志。你只需要通过四个方向键启动积木，并相应设置各自的方向即可，还需要确保甲虫在单击后向相应方向前进一步。这意味着每只甲虫现在都需要在按下按键后执行两条命令。

你能独立做出来吗？试试看！

已经完成了？有两种解决方法。

现在只要不单击旗帜，甲虫就不会开始移动前进。但是在前进之前，由于每个方向键会先触发一个使甲虫旋转的程序，因此按下方向键会先触发旋转程序。程序随后结束。

现在，每次按下按键时，甲虫不仅要转动，而且还要向前移动一点。

你该怎么实现？

第 1 种方法

你可以向每个转动甲虫的程序积木中添加移动命令。例如，你可以在此处看到"右方向键"的程序积木。

然后，你需要做四次，每个箭头 次。这是整个程序：

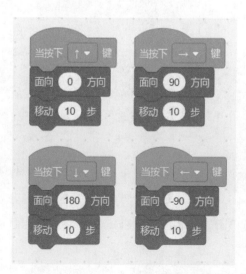

此解决方案效果很好，但是，如果你现在想修改，比如变成更大的步伐（可以使用 20 替代 10），则必须执行四次。这可能不是最佳解决方案。因此，我将向你展示这种情况的另一种做法。

第 2 种方法

从方向键程序中删除移动几步的积木。

> **!**
>
> **条条大路通罗马**
> 几乎每种编程任务都有几种可行的解决方案。而我们需要为眼前的任务找到最简便的方法。

然后，只需要一个积木"当按下任意键"时，甲虫向前移动一步。在第一个模块中，一定要选择"任意"。

一旦添加了此积木，你就可以使用四个方向键在屏幕上轻松地控制甲虫。

整个程序需要多用一个程序积木，但现在只有七条指令，而不是十二条。

你理解它是如何运行的吗？

当按下任意一个按键时，这个新程序就会执行。

这意味着，当按下方向键时，将启动相应的方向键积木（上、下、左、右），从而使甲虫转动，并向前迈出一步。这也意味着你现在可以使用其他键向前移动甲虫，例如，使用 A、B 或 C 键……你也可以只使用方向键。

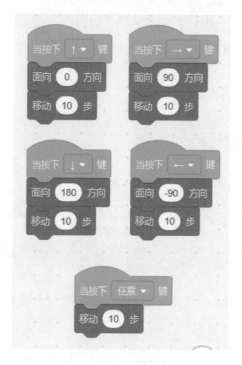

好好测试一下，然后看看它是如何工作的。将步长更改为不同的数值，观察甲虫的行为如何变化。

简化很有意义

如果有一种方法可以简化编程过程，则应始终使用最简化的方法！这将使你的程序更短、更快、更高效。

保存甲虫程序。在下一章中，你将需要再次用到它。你只需要了解 Scratch 中一个非常重要的元素，便可以开始玩第一款真正的游戏了！

第9章
如果……，会发生什么？ ——查询和条件

现在，你几乎已经了解了编程的所有秘密。你可以创建角色、为它们提供命令使它们移动、旋转、说话，并将其组装到整个程序积木中。你可以通过重复和循环使程序长时间运行。现在只缺少一件事情：角色还必须学会对正在发生的事情做出反应，以使它们真正富有生命力。

事件积木，能让你了解一种使用键盘或鼠标启动程序的方法。这样，就可以确保在按下按键或单击绿色旗帜时，该角色执行确定的操作。你的角色可以对更多的事物做出反应。例如，当进入某个区域、触碰边缘或发生任何其他情况时，角色可以做出反应，触碰其他角色或图片。

如何查询条件？

我们需要的是一条命令，检查是否满足条件，然后执行以下操作：
如果符合某一项条件，就必须做什么。
这就是询问积木——一种"如果—那么"积木。这个积木也在控制类别中。

和重复执行积木一样，这种积木也是括号积木。也就是说你可以在其中插入任意

数量的命令。当满足上方条件后，括号中的命令将被执行。

但是，里面根本没有条件啊？

的确是这样。你必须将一个条件拖入上方空隙。我们最好立即测试整个程序。

创意：把上一章的甲虫程序拿来。你需要额外添加一个一直在舞台上来回飞行的球。你需要让甲虫离球远一点。如果甲虫碰到球，游戏就结束。让我们开始吧。

1. 如果上一章制作的甲虫程序没有开启，那么从电脑中上传这一程序。稍微试试，所有程序是否都正常，也就是甲虫是否受控。

2. 添加一个足球（Soccer Ball）作为角色。

3. 将球缩小到 50%。

4. 为足球创建程序，具体如下。

你肯定已经知道：通过该程序，球会缓慢地飞过舞台，并一次又一次地撞上墙壁，然后又反弹。只需单击一下就可以看到球的运行轨迹，试试看。停止后，又开始。

5. 现在需要检查球是否接触到了甲虫。为此，你需要使用新的"如果—那么"积木选中球，并从控制类别中拖出"如果—那么"积木：

6. 现在，取出浅蓝色侦测类别中的条件积木"碰到鼠标指针"，并将其拖到"如果"和"那么"之间的空位。

7. 现在，你有了一个当球碰到鼠标指针时可以执行的条件积木，但我们不希望这样。我们希望程序在球碰到甲虫时运行。

8. 单击鼠标指针，然后选择"甲虫"（Beetle）。

现在，这是我们需要的条件。只有在满足条件的情况下，即在球碰到甲虫的情况下，被包住部分中的内容才会发生。

那么会发生什么？

你可以自己思考一下。在此示例中，我们要求，当球碰到甲虫时，播放声音。从声音类别中获取合适的积木。我们使用现有的球声。

这就是对球的整个查询。但是，这样还不够。

循环中设置查询

与事件发生时自动启动程序的事件积木（前面使用的）相反，程序中的查询必须不断检查每个位置。

必须一次又一次地运行查询

查询积木无法启动代码。你必须确保，只要需要，它们会一次又一次地被运行。

因此，我们必须一次又一次地重复查询，以便在游戏过程中不断检查球是否会碰到甲虫。我们可以无休止地进行此操作。

但是，我们已经有一个无限循环 ❶ 使球一直运动了，因此我们也可以对其进行查询。每当球移动 ❷ 时，我们都可以立即检查它是否正在接触甲虫 ❸。因此，我们将此查询拖到球的程序中。

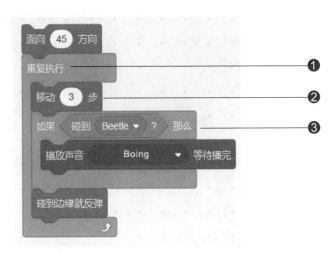

都看明白了吗？如果需要，可以在上方按下绿色旗帜，以便程序可以使用旗帜启动，或者，你可以通过点击最上方的积木启动。

现在游戏开始了：球在舞台上来回移动，甲虫可以用方向键控制，并且必须避开球。它每次碰到甲虫时都会发出球声。让我们开始吧！

球碰到甲虫时，就会发出"啵嘤"（Boing）的声音。

带有内置条件的循环——"重复执行直到……"

在第 7 章中，我们省略了另一个特殊的循环命令：这是带有内置条件的循环——"重复执行直到……"。它不会无休止地运行，而仅在它包含的条件适用之前运行。然后结束，并在循环后继续下一个命令。

合理使用此循环的一种方法是让一个角色掉落到接住它的造型上。我们来测试一下。

1. 启动 Scratch，将小猫留在那里，并额外创建一个新的角色，从素材库中选择云（Cloud）。将角色命名为云。

2. 转到小猫的代码窗口并加入"重复执行直到……"的循环。

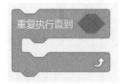

3. 小猫应该掉下来直到碰到云。循环的条件是碰到云。从侦测类别中拖出命令"碰到鼠标指针"。

4. 单击"鼠标指针"，然后选择"云"。

5. 现在，将条件拖入循环的查询区域中。

6. 现在执行循环，直到小猫碰到云为止。循环中应当发生什么？就像刚才提到的：那只小猫应该掉下来。为此，你必须使其在舞台上的y坐标（其垂直位置）更小。

7. 将来自运动类别的以下命令插入循环中，并写入数值 −5。因此，小猫在循环的每个过程中向下移动 5 个像素。然后，根据循环条件，再次自动检查小猫是否碰到了云，如果没有，则重复循环。

8. 代码已经完成。向下拖动云，然后将小猫拖到其上方。

9. 现在，通过单击最上方的积木启动小猫的代码。

结果：小猫掉到云上，然后停在上面。随意移动小猫和云，看看会产生什么影响。

现在，你已经学习了编写真实游戏的最重要的命令和过程。下一章，我们终于可以开始编写游戏了！

第10章

弹跳球——你开始自己的第一局游戏

现在，你已经学习并尝试了编程中最重要的元素。你可以开始编写自己的第一个真正的游戏了。当然，你还会学到更多的实用技术。

下面让我们开始创建一个真正的游戏，在此基础上，你还可以继续扩展这个游戏。

！游戏创意

我们希望创建一个弹跳球游戏，该游戏基于著名的经典游戏《突围》（*Breakout*）的基本原理。*Breakout* 是有史以来的第一批计算机游戏之一，创建于 20 世纪七十年代。从那之后，出现了这个游戏的许多衍生游戏。

游戏具体运行如下：球飞过舞台，从边缘的左侧、右侧和上方边缘反弹，你可以在底部的木板上接住球。当球撞到地面时，游戏结束。下一步，应当添加可以被球击打的目标物。最后，在游戏中还应该有分数和游戏结局，明确是胜利还是失败。

我们还有很多工作要做呀。尽管如此，这些工作可能比你想象得容易。你已经知道此操作所需的大多数元素，之后将了解一些新的编程技巧。而且，如果你逐步构建所有内容，则工作总是清晰的、容易理解的。优秀的专业程序员所完成的工作就是这样的。

第一步：飞行的球

重新启动 Scratch，删除小猫，然后选择一个简单的黄色球作为角色（名称：球 / Ball），你可以将其缩小至（50%）。

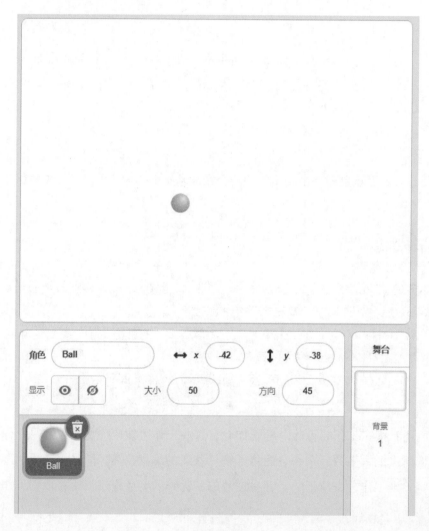

球在第一步中应该做什么？它应当飞来飞去，从舞台边缘反弹。在 Scratch 中，这真的很容易，而且你已经完成多次了。让我们设置一个开始信号（例如：旗帜标志），并将球的初始方向设为 45 度，以使其斜向上飞。当然，它还需要一个起始位置，以便总是从中间开始。我建议的位置是（0，–120）。

你还需要重复执行：让球以每次移动 10 步的速度稳定向前移动，并在必要时从边缘反弹。所有这些都和你知道的一样。

你能自己搭建吗？试试看！

它可能看上去是这样的。你需要测试一下，看看球如何飞过舞台。

间奏曲：让球绘制自己的移动路径

对于我们的游戏而言，这并不重要，但如果你想查看球飞过的路径，则会很有趣，而且它也的确很酷。

你需要用 Scratch 扩展中的画笔命令来实现。

单击 Scratch 中最左下方的拓展区域。

选择扩展项目画笔。

画笔
绘制角色。

现在，你可以使用画笔命令了。

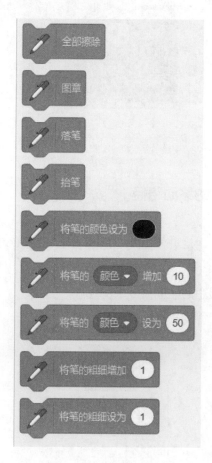

这种情况中，你不必在程序中嵌入它们。只需单击命令"落笔"。然后我们的球就有了一支笔，并随着球的移动进行绘制。

接着启动球。

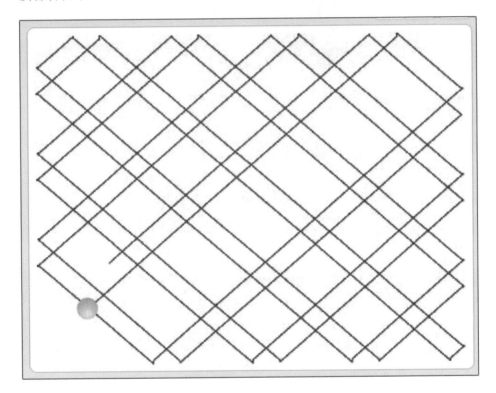

我们会发现球在四处飞时在舞台上画出了一个超级赞的图案。

哇——这看上去真酷！它表明球确实可以在舞台的所有区域内飞行。

如果需要，你还可以更改笔的颜色、粗细等。使用绘画命令就可以完成所有这些操作。完成后，单击一次最上方的命令"全部擦除"❶，还要点击第四个命令"抬笔"❷。

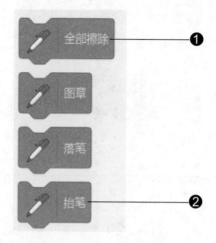

现在一切都回到了以前，我们重新回到了游戏中。

击打板

我们进入下一步：设计一个击打板，放在底部撞击球。并且击打板可以左右移动，因此这是一个新的角色。在素材库中，你可以找到一个能够使用的合适角色，或者可以从互联网上下载图片。

当然，你也可以为自己画一个角色！这样可以很快做出击打板。并且，它看上去确实是你想要的那样。在素材库下方点击画笔绘制新角色：

这样你就可以在角色编辑器中自己创建新角色的外观了。

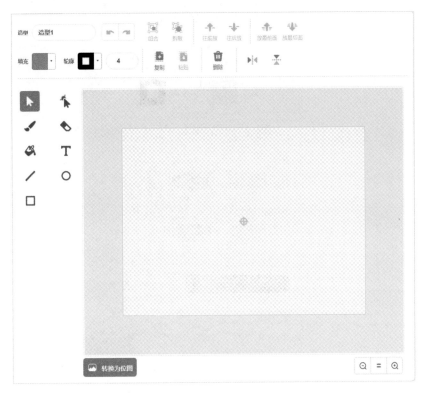

具体操作步骤和功能参见第 5 章，当然你也可以再翻看一下。

我们的击打板制作起来很容易。选择矩形工具，然后使用鼠标在绘图区域的中间尽可能精确地绘制一个矩形。

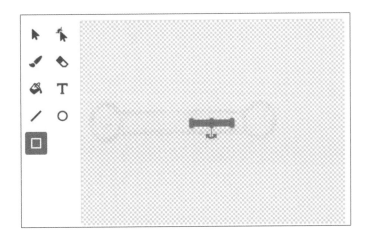

使用手柄可以更改大小，直到达到最佳效果。现在，你可以通过单击填充颜色为矩形设置漂亮的颜色。

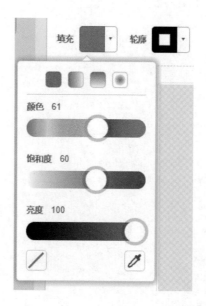

你可以使用上面这三个调节器更改基本颜色、饱和度和亮度，直到出现自己喜欢的颜色为止。你也可以选择逐渐填充，这样看起来会更加复杂。如果需要，你还可以在侧面添加装饰，比如，画两个圆圈。

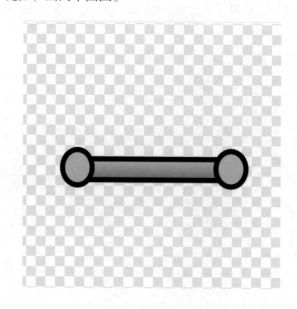

为了更好地编辑角色，你可以使用放大镜符号（+）进行放大。如果已经达到满意的效果，你就可以返回代码窗口了。现在，你有了一个新角色，将它命名为"击打板"并将其推到舞台底部。

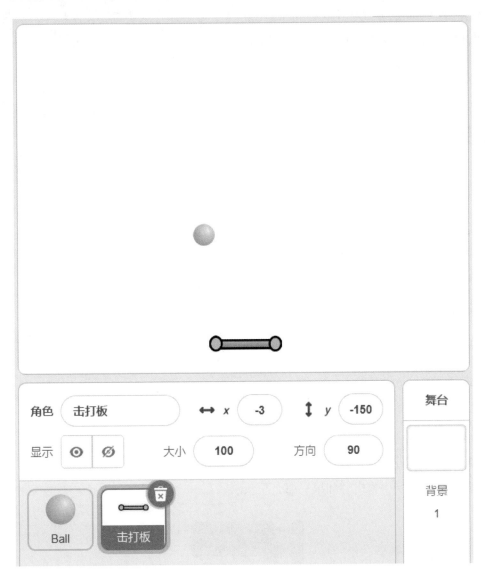

棒极了！现在我们有了两个最重要的角色，接下来可以对游戏继续进行编程。

向左和向右操纵击打板

该击打板要实现能够左右移动。我们现在必须创建一个程序，来实现这个目标。这里有两种不同的方式，让我们同时尝试一下，然后由你来决定要使用哪个。首先你可以使用键盘（方向键）或鼠标来控制击打板。

用键盘（方向键）控制

如何使用方向键控制击打板？很简单：如果按左方向键，则击打板应向左移动；如果按右方向键，则击打板应向右移动。要注意击打板不能上下移动。

为了使游戏中的控件平稳运行，应连续（在重复执行中）查询击打板程序中的方向键，并在每次按下其中一个按键时向左或向右移动击打板。

专业问题：为什么要在重复循环中查询键盘？

为什么不能像第 8 章那样使用事件"按下……键"？

原因是：按下按键时，击打板应平稳、匀速地来回移动。你会获得一个此处需要的游戏控件，由此不会过快且可以匀速移动，因为按键事件只能通过按下一次触发，如果你一直按住按键，要在大约半秒之后才能重新被触发。如果要来回流畅地控制游戏角色，则应始终通过查询，而不是通过键盘事件来重复执行此操作。相信我，这是最好的方法。

现在是时候开始编程了：

1. 确保已打开代码窗口，并且已在库中选择了击打板。

2. 从控制类别中拖出"如果—那么"积木。

3. 从侦测类别中将键盘查询拖动到窗口中。这是关于是否"按下……键"的请求。

我们不想在这里查询空格键，而要查询右方向键。

4. 因此将请求的按键改为"右箭头"。

现在，我们有一个查询，用于检查是否按下了键盘上的右方向键。

在这种情况下会发生什么？

当然，击打板应该向右移动一点。现在，我们可以将击打板向右转，然后和甲虫的运动一样，向前迈出一步。但是实际上击打板不应该旋转，而应该一直保持所处方向并向右移动，我们在此使用其他命令，用于"右—左—高—低"的移动，最主要的是快。

使用此命令，角色（此处是击打板）的 x 坐标移动 10，即向右移动 10。

位置移动

在 x 坐标上向左或向右移动，没有在 y 坐标上向上或向下移动。

5. 将此命令放在查询命令的括号中。

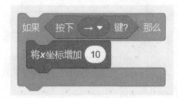

都看明白了吗？因此，查询当前是否按下了右方向键。如果按下了，则击打板向右移动 10 个像素。将 *x* 更改为 10，表示：在 *x* 坐标上加 10。现在，我们需要向左移动相同的距离。

6. 使用鼠标右键单击程序顶部，并选择"复制"，将整个程序积木复制。

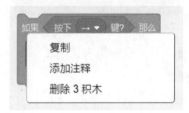

7. 更改新积木，以便查询左方向键，并设置为"将 *x* 坐标增加 –10"。

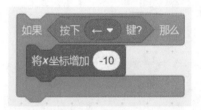

如果现在按下左方向键，击打板的 *x* 坐标会变化 –10。也就是说，*x* 坐标减小了 10，击打板向左移动 10 个像素。

现在，我们有两个查询。为了使它们生效，它们必须连续运行，否则程序将在第一次检查后立即结束。因此，我们将两个积木打包放在一个重复执行命令中。

8. 从控制类别中拖出一个积木"重复执行"，并将两个查询置于两者之间。在上方设置一个绿色旗帜事件命令，程序就可以使用旗帜启动了。

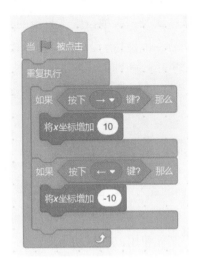

这样你就完成了对击打板完美的键盘控制。如果现在单击绿色旗帜，则击打板和球的程序将同时启动，因为这两个程序都是通过旗帜启动的。

这是我们游戏的良好开端！球飞过舞台，击打板可控。

用鼠标控制

就像刚才说的那样，还有第二种方法可以控制击打板，那就是使用鼠标。这甚至更容易编程。

优点是你可以在玩游戏时以最快的速度来回移动击打板。想使用哪种控制方法，这完全由你自己决定。使用鼠标的方法如下。

我们需要保证在执行过程中发生的所有事情都在一个永久循环中，不断重复将击打板的 x 坐标设置为"鼠标的 x 坐标"。无论鼠标移动到哪里，该程序始终将击打板精确地放置在鼠标的 x 坐标上。并且，击打板始终保持自己所在的水平高度，而不受鼠标 y 坐标的影响。

让我们尝试一下：

1. 将重复执行积木拖曳进击打板的代码窗口中。

在此循环中，现在应该一次又一次地设置击打板的 x 坐标。

2. 从运动类别获取积木"将 x 坐标设为……"，并将其插入重复执行积木中。

现在，不需要将 x 标设置为–3，也不需要将其设为其他固定值，而应将其始终设置为鼠标当前的 x 坐标。

现在需要思考你将如何实现使用鼠标移动角色？

3. 从侦测类别中拖曳"鼠标的 x 坐标"积木，并将其放入"将 x 坐标设为……"的数字区域中。

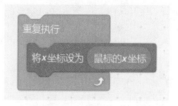

从现在开始，将会始终使用当前鼠标的 x 坐标位置，而不是固定的数字。

就是这样！我们将两条命令组合成一条独特的命令。我们将"鼠标的 x 坐标"设置为角色的 x 坐标。这正是我们现在需要的，因为我们可以用鼠标左右移动击打板。

通过单击程序积木并启动它，然后将鼠标移到舞台上进行测试！如果要使用它，则应在上方添加带有旗帜的启动事件命令。

你现在要做的就是确定自己喜欢哪种控制程序，因为两者不能同时工作。你只需将其中一个控制程序留在那里，删除另一个控制程序，或者禁用另一个控制程序。被禁用的程序将不再启动。

你还需要一个好看的背景，我推荐霓虹隧道（Neon Tunnel）。现在，你已经为制作真实的游戏奠定了良好基础。

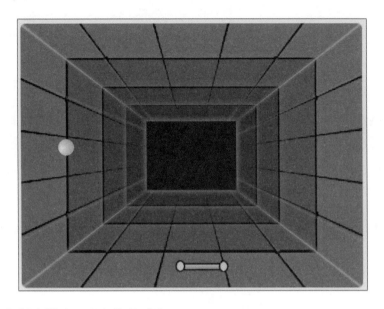

务必立即保存游戏，以免作品丢失。

当然，现在还缺少一项非常重要的基本功能。球应该从击打板上弹起，否则击打板毫无意义。

从击打板上反弹

这部分程序有一些难度且更加细致，虽然有很好且实用的命令"碰到边缘就反弹"，但是遗憾的是没有"碰到角色就反弹"这样的命令。因此，我们必须自己编写一个。

如果球碰到击打板，则球应该改变方向，并且应该向与它相反的方向斜向飞行，就像它从墙壁上弹起一样。这就需要不断查询球是否碰到了击打板（你知道怎么做），如果是这样，就必须将其方向偏移 90 度，以使其飞向"飞入角度的反方向"。现在，开始了解如何执行此操作，让我们一步一步完成。

1. 选择球，因为我们正在研究球的代码。

2. 拖曳"如果—那么"查询（控制类别），并从侦测类别中插入"碰到击打板"。

现在，你有一个测试球是否碰到击打板的查询。如果没有碰到，则什么都不会发生，球继续沿其现有方向飞行。如果碰到了，球会得到一个新的方向。为了使其沿完全相反的方向飞行，我们只需将其旋转 90 度。可以为旋转使用一个简单的命令。

3. 选择命令"左转……度"，将方向更改为 90，然后将命令放入查询中。

只要球一碰到击打板，它就会旋转 90 度并"像镜子反光一样"反弹出去。这就是整个查询。但是此查询仍然有漏洞。如果你希望程序长期保持启用状态，你还需要让其不断地查询。因此我们需要插入重复执行命令。但是，我们的球已经有一条重复执行命令了，所以我们只需要在这里插入一条查询即可。

4. 将查询插入正在进行的球的重复执行命令中。

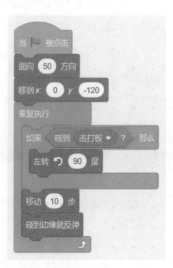

　　尝试一下！厉害！现在，游戏正在运行。击打板可向左或向右移动，球飞起来，从墙壁上反弹，并且在碰到击打板时也可以反弹。

　　现在再次保存游戏。

　　在下一章中，我们将添加危险命令，建立击打目标。把程序创建成为有难度、激动人心的 *Breakout* 游戏！

第11章
危险与目标

> 从上一章起，我们就已经开始接触游戏的制作了，通过添加新元素，游戏程序规模会变得更大，这使其成为真正的挑战。

现在，我们的弹跳球程序非常适合添加让其变为真正游戏的元素。你现在还需要做两件事：一是设置危险命令，这意味着如果球触及下边缘，游戏就会失败；二是建立击打目标，也就是让球击打的额外的角色。

让我们直接开始吧。首先设置危险命令。

触及底边，游戏失败

当玩家无法接到球并且球碰到底边时，游戏结束。

该如何测试球是否触及底边？

可以选择几种方式。例如，你可以创建一条红线作为角色，并将其放置在底边。球一碰到这个角色，游戏就结束。

另一种选择是查询球的 y 坐标。如果小于 -165，则说明球已到达底边（可以尝试找到数字 -165：将球一直向下拖，然后在检查器中查看 y 坐标的数字）。

如果我们希望选用第二种方式。用一个条件来查询球的 y 坐标是否小于 -165。要怎么做呢？

建立比较条件

1. 从控制类别中拖出"如果—那么"积木。每个查询都需要这个积木。

2. 从运算类别（绿色）中拖出"小于"积木。这使你可以比较两个值，并检查第一个数值是否小于第二个数值。这些运算符是新的，稍后（在第 19 章中）将详细讨论。使用运算符可以创建数值、计算数值并比较数值。在这里，我们需要一个比较运算，用于检查数值是否小于其他数值。

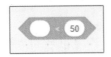

3. 从运动类别中拖出"y 坐标"积木。球的 y 坐标是我们需要在此检查的数值。

4. 将"y 坐标"积木拖到"小于"积木的第一个白框中，然后在第二个白框中写入 −165（记住要写负号）。

现在，你已经创建了比较积木，y 坐标 < -165，接下来，你可以将其拖动到"如果—那么"积木中。

自行构建查询，球是否碰到下边缘——因为若其 y 坐标小于 -165，则肯定触及了

边缘。

当球触及下边缘时会发生什么？

游戏结束。非常简单，一切都停止了。使用命令"停止全部脚本"直接结束所有操作，程序停止运行。

为了使查询重复进行，而不是开始后就进行一次，必须将其插入重复执行命令中。最好是插入球现有的循环命令中。看起来像这样：

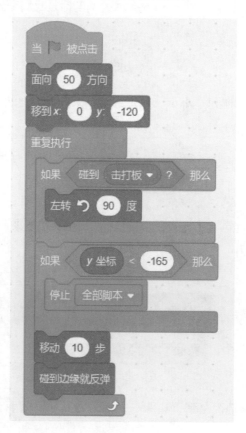

就这样！都看明白了吗？现在，你可以输掉游戏，尝试一下。如果你没有用击打板击打球，并导致球碰到了底边，那么游戏就结束了！

当然，当球触及底边时，发生的事情可能不仅是游戏停止，还可能出现游戏结束（GAME OVER）的文字，并且伴有音效。如果你还想做得更加精致，无论你想到了什么，都可以添加在游戏的结尾处。现在，我们将把游戏的基本功能放到一起，使其能够正常工作，然后再进行完善。

建立目标：构建用于击打的对象

添加了危险命令后，游戏还缺少击打目标。在我们的游戏中，应该有一些可以被球击打的对象。

创建目标对象

在原有的《突围》（Breakout）游戏中，只需在图片的上半部分打一些彩色砖块即可，你可以轻松地构建这样的积木。你只需要在角色编辑器中绘制一个矩形（有关操作方法，请参见第 5 章）。

为了让画面好看一些，我使用水果而非彩色砖块，来做击打目标。当然，要用什么做目标对象完全取决于你，只要大小合适。

我们要做的第一件事是创建一个目标，稍后我们只需对其进行复制粘贴即可。这么做很有意义，稍后你就会看到这么做的好处了。

从素材库中选择苹果（Apple）作为新角色。将大小设置为 50%，并将其放置在舞台上的某个位置。

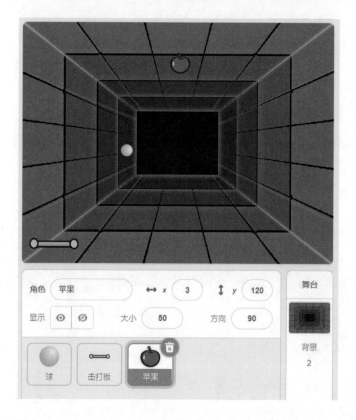

这是第一个目标。现在，你将为此目标编写代码。这需要你仔细考虑。

苹果程序应该做什么？

苹果必须在整个游戏过程中查询是否碰到球。如果碰到了，苹果必须消失。

很简单，对吧？我们需要无休止地重复这个过程，以便可以连续查询苹果是否碰到了球。让我们开始构建一个重复执行命令，询问苹果是否碰到球。

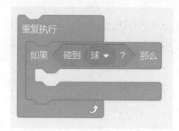

我猜你到目前为止都可以做到。

接下来——还缺少什么呢？

显然，当球碰到什么东西时，需要发生什么，也就是苹果应该消失，即隐藏。

如果苹果可以隐藏，那么苹果从一开始就必须设置为显示。否则，如果只是设置了一次隐藏苹果，就不能再次玩游戏了。

我们还需要一个启动点，因为这个永久循环也必须加入过程中。那么，用什么呢？我想说，使用旗帜，因为它可以启动整个游戏。

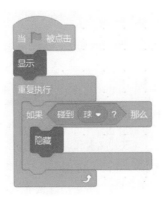

这就是目标，也就是苹果的基本程序。你现在可以进行一次测试：如果球碰到了苹果，苹果会消失吗？如果你正确构建了所有代码，那这个程序一定可以很好地运行。

现在你可以复制苹果并粘贴。但我还想先做一件事。复制粘贴苹果之后，就不能再简单地修改程序或添加内容了。一旦有修改，你必须在所有复制的苹果代码中进行修改。如果复制了许多苹果代码，这样的修改和添加将会是非常烦琐的工作。

因此，请为消息添加一个广播命令（来自事件类别），当苹果被击中时，就会执行这条命令。将这条消息命名为"击中"。

因此，苹果的整个程序如下所示：

为什么这条命令需要和消息一起发送？

使用此命令，可以保证，以后还可以添加一些苹果被击中时的命令。例如，使用音效，或者计分。为了你不必再次为每个苹果重新编程，我们已经插入了信息，只要苹果被击中，就会被自动触发。首先，这什么都不影响。然后，你可以随时额外编写一段其他代码，用于响应消息并扩展游戏。最后，你将看到它的实用性。

现在它可以开始了：苹果成倍增加。

连续复制九次，排列出十个苹果。

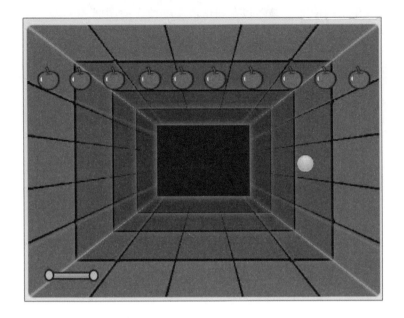

看起来不错哟！为了能够精确地排成一行，你可以从左到右手动均匀排列它们，然后在角色检查器中将每个角色的 y 值设置为相同的数值，例如：110。

现在你可以玩游戏了。但是只有一排苹果可能有点无聊。再加一排水果，怎么样？例如：再加一排橙子。

为此，从素材库中拖曳出一个橙子作为新角色，并将其大小设置为 50%，然后它的大小将与苹果相同。

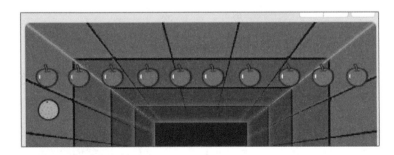

棒极了。现在，橙子需要与苹果有相同的代码。你可以新建，但是还有一种更简单的方法。

你可以像以前一样，直接将苹果的代码窗口拖到橙子的代码窗口中。为此，用鼠标抓住苹果代码积木的顶部，并将其拖到角色库中橙子的图标上。

确保鼠标指针正好在橙子上，并且橙子的符号会晃动一下。然后松开鼠标，你就将整个代码复制到橙子这个角色中了。如果现在选择橙子，则会在代码窗口中看到它与苹果具有相同的代码。

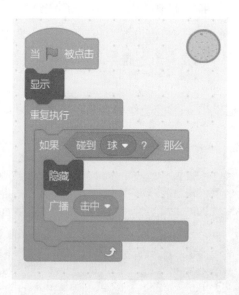

棒极了。现在，你还可以将橙子复制九次，并将其排列在苹果下面。

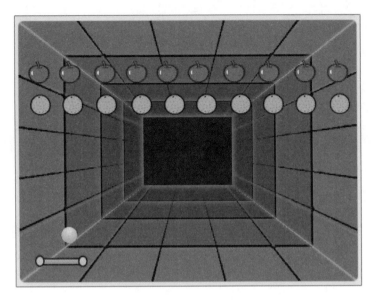

太棒了。我们再将整个流程重复第三遍，这样就有了第三个对象。例如：使用香蕉。

从素材库中拖出一根香蕉。将它的大小设置为 50%，然后你可以像处理橙子那样处理香蕉。首先，将程序从苹果或橙子中复制到香蕉中。然后将香蕉复制九次，并排列整齐。

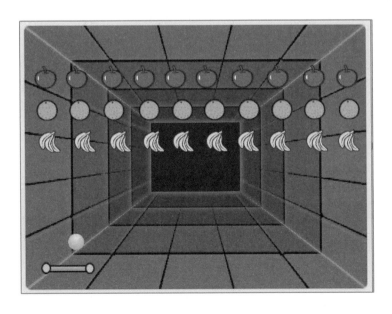

使用绿色旗帜启动游戏！效果很好！你在球没有碰到底边的情况下，可以清除所有水果吗？

进一步拓展游戏

当然，基本游戏程序已经完成。但是，一个真正能让其他人一起玩的游戏，还需要一些内容。最引人注意的肯定是：当球碰到底边并且游戏失败时，游戏结束——但是实际上，在所有水果还没有完全被击打消失时，游戏并没有结束。游戏直接空着继续运行。因此，还需要发出一条消息，或者发出一个声音标识，表明你已胜利，然后游戏结束。

你如何检查所有水果都已经被击中？

连续询问 30 次每个目标是否消失并不是一个好办法，因为只有 30 个目标都消失，才能赢得游戏。

的确有更好的方法。我们需要一个计数器，该计数器从 0 开始，并且每击中一个水果就增加 1。当数字达到 30 时，游戏就结束了。

如何为计数器编程？

在下一章中，你将真正地学习到这一点。现在，我建议你将弹跳球游戏保存好，以免丢失，留着以后改进。

第12章
使用变量扩展并完成游戏

你现在几乎可以编写所有程序了：运动、外观变化、重复或无休止的动作，甚至检查条件的查询。但是还有一件重要的事情，程序有时需要记录。例如，比分情况是多少，你拥有多少分或还剩下多少分。我们现在要讲解这部分。

保存游戏后，立即重新创建一个 Scratch 文件！从素材库中拖出一只蝴蝶（Betterfly 1）放到舞台上，并将其大小设置为 30%。

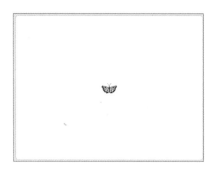

为它建立一个小程序：

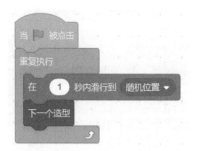

在尝试之前，请仔细看一下。这到底是在做什么？

单击旗帜后，重复执行立即开始：蝴蝶飞到随机位置，更改其造型（蝴蝶中集成了三个造型），然后再次在循环中开始。启动程序时，你可以看到它的外观。

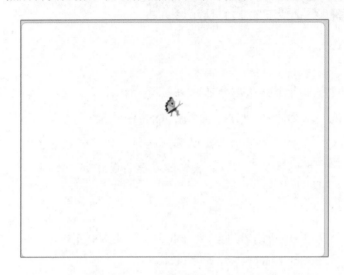

现在，需要你实现"用鼠标单击，蝴蝶消失"这一效果。做到这点很容易。添加以下程序：

不必多做解释了，是吗？一旦被点击，蝴蝶就会隐藏起来，也就是不可见。一秒钟后它又回来了。你可以再次测试，你可能会发现，抓住蝴蝶并不是那么容易的。

现在，我们的程序应该计算出你击中蝴蝶的频率。蝴蝶每次被击中都会计入一分。为此，我们需要一个计数器。更具体地说，我们需要一个变量。

> **!** 到底什么是变量？
>
> 在 Scratch 中，变量就像一个你为它写了名字的小盒子。其中包含一个数字或一个单词。你可以在代码中的任何位置使用此变量，并读取其数值，并将其用于代码或更改它。使用这个盒子，程序可以记住数值。

变量保存数值

如果你有一个被称为计数器的盒子，则其中可能会有一个数字，用于说明蝴蝶被击中了多少次。

让我们马上试一试：

1. 在代码库的左边缘中选择橙色变量类别。

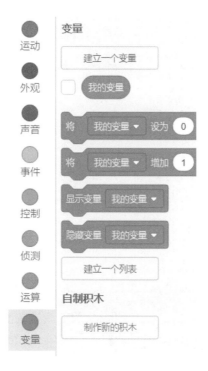

2. 为了创建一个变量，需要单击最上方的"建立一个变量"按钮。

3. 紧接着出现一个对话框。在这里为变量命名，我们将其命名为"计数器"。选择适用于所有角色。

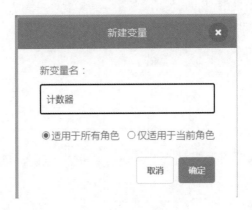

4. 然后单击确定，你会发现，创建的变量立即可用。可以在舞台的左上角看到这个变量。

  计数器中包含的数值是0。如果你还没有设置数值，则变量的数字一直为0。

5. 现在，每次击中蝴蝶时计数器应增加1。为此，还需要一个变量命令。就是这样：

6. 将其拖动到代码窗口中，并调整其设置，具体如下：

现在，一旦执行此命令，变量"计数器"的值就会变 1（增加 1）。何时执行？当然是用鼠标单击蝴蝶时。

7. 将命令插入程序的正确位置中：

你可以再次进行测试——你注意到了什么？每次单击并击中蝴蝶时，蝴蝶变得不可见，而且上方的计数器数值也增加了 1。

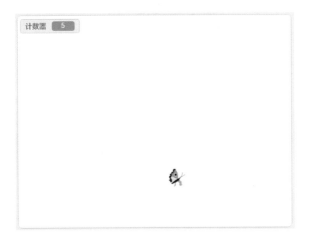

显示和隐藏舞台上的变量

每个新创建的变量最初都会与名称和数值一起出现在舞台上。你可以使用鼠标移动其位置或更改其显示形式（通过双击改变）。但是，变量不一定必须在舞台上显示。如果你不希望玩家看到，也可以隐藏变量。为此，你可以在代码下的积木概览中取消勾选变量名称前面的对号。

倒数数字

现在，我们想要变更程序。舞台上应该有 5 只蝴蝶。计数器的数值最初为 5。每次击中蝴蝶，蝴蝶都会消失（并且不会再出现），并且计数器的数值会减少 1。当计数器的数值为 0 时，游戏应结束。

你必须改变什么？

1. 首先，更改蝴蝶的单击程序。

现在，计数器数值必须减小，每次减 1，蝴蝶持续不可见。

2. 现在必须检查，计数器数值是否达到 0，即不再有蝴蝶在那里。

为此，你需要一个查询程序，该查询程序可以检查"计数器数值 = 0"。

3. 首先拖曳一个"如果—那么"积木，然后从绿色运算类别中拖出一个"="运用符。这是另一种比较运算符。

4. 从变量中拖曳圆形积木"计数器"。然后，你可以将其与查询程序组合在一起。

5. 将变量 "计数器" 移动到绿色比较积木的左侧空白区域中。在右侧空白区域中
输入 0，然后将整个内容拖入 "如果—那么" 积木中。

现在顺利完成。这将检查计数器数值是否为0。

运算

使用运算可以进行比较。由此，你可以检查，在变量中是否有某个数值。或者，该
数值是否小于或大于某个数值。运算的详细内容在第 15 章中说明。

如果计数器数值为 0，会发生什么？我们直接说，游戏结束了。如你所知，该命令
是 "停止全部脚本"。现在，你可以将组装好的积木添加到蝴蝶的单击程序中。

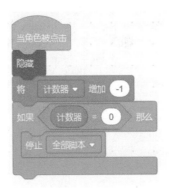

完美。只剩下一件事了。如果创建了五只蝴蝶，则计数器数值在开始时需要设置
为 5。否则它不能倒数。

你还需要从变量类别中拖曳出一条命令用于设置变量，将其设为 5 并放在计数器中，将整个命令积木插入蝴蝶的启动程序开始时。此外，开始时还必须有一个"显示"命令，否则所有蝴蝶将在第一轮后消失。

程序启动时，计数器将自动设置数值为 5。

现在，你需要五只蝴蝶才能使其运行。因此，你需要将蝴蝶复制四次。开始吧！

现在，计数器会精确地向你显示还剩下多少只蝴蝶，并且程序会自动在达到 0 时结束。

这是一个真正的小游戏，教你如何使用变量作为计数器。

保存程序。欢迎你继续改变程序，并且按照自己的想法拓展游戏。例如，当一只蝴蝶被击中时会出现怎样的音效，或者在游戏结束时加入音乐。只需要记住，你必须同时更改五只蝴蝶的程序，或者删除四只蝴蝶，更改程序后，再次复制更改过的蝴蝶。现在，你可以把刚刚学到的新知识运用到弹跳球游戏中。

回到弹跳球游戏——现在添加计数器

上传你在过去保存的弹跳球游戏。现在，我们要添加一个计数器。此外，水果全部消失时，游戏应该结束。从蝴蝶游戏中，你现在已经知道如何做到这一点。

使用变量作为计数器

首先，你设置一个变量用作计数器。为此，请返回左侧的变量类别（橙色），然后单击"建立一个变量"。

你将新的变量命名为"分数"——它适用于所有角色。

现在我们有了新的分数变量，并且它立即显示在舞台的上方。你可以使用鼠标将它向右移动或将它移动到其他位置。

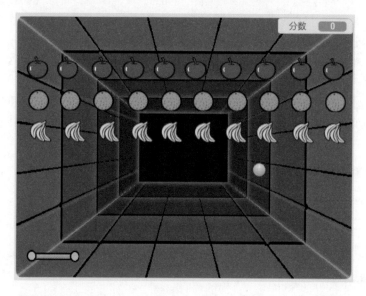

分数为 0。如果你现在玩游戏，即使击中水果，分数也会保持不变。

逻辑——你尚未在编程中用到。

每当物体被击中并消失时，分数理论上应该增加 1。但是，应当在什么位置编程？

30 个角色中的每一个都包括检查水果角色是否被击中。现在你必须在代码中为 30 个角色写代码，变量"分数"在击中时增加 1 分。这是非常费力的。

还有更简单的操作吗？

是的，当然有更简单的操作。你还记得每个水果的程序是什么样的吗？

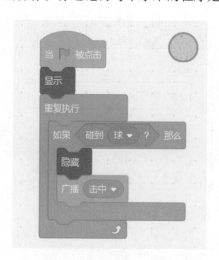

看起来像这样：如果球碰到了其中一个水果，这个被碰到的水果就会变得不可见（隐藏），并且将"击中"信号发送给所有人。

也许你在上一章中并没有真正理解为什么要发送这样的信号。现在，你要使用这条命令。这条命令简直太实用了！

你只需要一个不属于水果的、响应信号的程序，并且在发出信号时，分数加1。

在哪里编写代码好呢？

可以插在角色击打板或球中。这些程序都可以良好运转。但是，最合乎逻辑的做法是，将其编写在舞台的代码窗口中。为什么？因为它是一个与特定角色无关的代码，用于控制整个游戏。而且，如果你始终在舞台的代码窗口中创建控制游戏的程序，那么你始终会很清楚地知道以后要在哪里找到这些代码。

舞台的代码窗口

你怎么切换到这里？非常简单。用鼠标单击最右侧舞台中的第一个项目。然后就会出现一个空的代码窗口（上方必须选择代码选项卡）。我们在这里添加计数器。

计分程序如何开始？

当然使用"击中"信号，每次发送信号时，分数都应增加1。因此，你可以从黄色类别中选用以下事件作为启动模块：

每当击中水果并发送信号时，程序就会启动。

如何计数？

你的程序应当让"分数"变量每次增加1。你已经了解这条命令了（来自变量类别）。

如果你现在尝试游戏，则每次单击都会增加 1 分。这些就足够了吗？

不完全是。你肯定很快就注意到，还有什么没做好。即使你输掉了游戏并重新开始，分数也会越来越高。因此，非常重要的一点是，在游戏开始时，将变量"分数"一次又一次地重置为 0。为此，你可以在舞台的代码窗口中创建第二个小程序。

仅在游戏开始时（单击旗帜时）执行此操作，它只用于在开始时将变量"分数"设置为 0。

完美。再次测试——现在分数反复从 0 开始计数。

游戏结束

游戏现在就全部完成了吗？还没有全部完成。当你击落所有水果时会发生什么？什么都没有发生。得分是 30，游戏还在继续运行。但是，你希望在所有水果都被击中后，游戏结束。

因此，还需要一个查询，分数是否已经达到 30 分（所有水果都被击中）——如果是，那么游戏就结束。

这一查询自然会放在处理分数的位置——就在每次加分之后。

1. 和蝴蝶程序一样，你需要"如果—那么"积木，使用一个"="运算符（用于比较两个数值），并将变量"分数"作为进行比较的数值。

2. 由此，你可以组合成完整的查询：

3. 如果"分数"等于"30",那么停止全部脚本,也就是退出游戏!

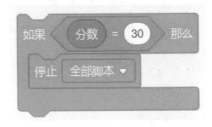

4. 这个查询必须出现在哪里?如果只是单独使用,它将永远不会启动。在计分之后马上执行才有意义,这样每次击中、分数增加时,就会自动查询。

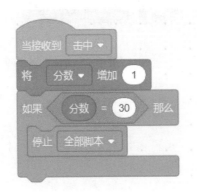

原来是这样!现在,游戏结构已经完成。你可以尽情地玩游戏,游戏的结果无论胜利,还是失败,这都是一个真正的游戏。真了不起!现在还缺少什么吗?

化妆品:用声音和文字修饰游戏

现在唯一缺少的就是完美的游戏体验,也就是一些诸如音效和通知之类的"细节"。也就是说，在游戏启动时，应该响起音乐，在每次击中时会听到"噗"（Pop）的一声，在游戏结束时可以响起悦耳的音乐（"胜利"）或者悲伤的音乐（"失败"）。

选择舞台，然后切换至菜单左上方的声音。

使用左下方的声音按钮添加另外两个声音。

一个"锣"（Gong）的声音，还有"胜利"（Win）的声音。

我们在舞台程序中使用三种声音。

当然，你也可以选择自己喜欢的其他声音。我在书中提到的都只是建议。

返回代码窗口。可以将"锣"（Gong）的声音用作游戏开始声音。将其添加到舞台的启动程序中。

现在，游戏总是以锣声开始。

现在是"噗"（Pop）声。它应该在水果被击中时响起。我们将其插入程序中，在收到"击中"的信号时响起——同样也是在舞台的代码窗口中设置的。

现在，因为有了不断发出的"噗"（Pop）声，游戏的感觉会有所不同。太酷了。

胜利的声音

当你赢得游戏时，声音会发生变化。这是一段旋律，听起来会持续几秒钟。我们可以直接添加在查询游戏是否获胜的位置。

但是这并没有按我们期望的那样运行——问题出在哪里？

是的，大多数情况下，游戏能够运行。问题在于，播放旋律的时候，球还在继续飞。这意味着，虽然已经赢了，但是玩家可能在不再注意球的时候，并且在胜利旋律还在播放时，球碰到下边缘，而同时游戏失败了。

但是，你不能先停止游戏，然后再播放旋律，因为当游戏停止时，旋律也不能播放了。

停止一切，旋律仍在演奏？

你只需要停止球的程序，这样球不会继续飞行，但是舞台的程序会继续运行，直至旋律结束。

球的程序无法由舞台停止。每个角色只能停止自己的程序。复杂吗？

我们需要重新广播一条消息触发所有内容，也就是发出一个信号。

回想：

每当希望实现一个启用另一个角色的程序时，它都应广播一条消息，让其他角色可以对此做出响应。

1. 从事件类别中拖曳广播积木。选择创建新消息。

2. 创建消息"胜利"。

3. 现在，你可以在播放旋律之前发送消息"胜利"——必须在旋律播放之前。

4. 现在球必须对此做出反应，一旦收到消息"胜利"，其脚本（代码）就停止。选择球，并添加以下迷你程序。

一旦消息告知游戏已经胜利，球的所有其他代码都将停止，即球的运动程序停止。球停止飞行，旋律继续播放，因为舞台的代码没有停止。只有当旋律完全结束时，舞台代码才会停止，程序才最终结束。

测试一下——如果所有内容均正确构建，那么程序就可以正常运行了。

现在，唯一缺少的是游戏失败时发出的旋律。你也可以做类似的事情——但是操作会简单一些。查询游戏是否失败，不是在舞台代码中，而是在球的代码中。

5. 选择球并再次查看代码。再次检查游戏是否失败。

6. 完成检查。发送"停止全部脚本"，现在还应播放一条旋律。

7. 现在，球需要合适的声音。前往声音，选择"失败"（Lose）声。现在在"停止全部脚本"前设定并且完全播放声音。

8. 此外，你也可以在此处广播消息。创建一条新消息并命名为"失败"。

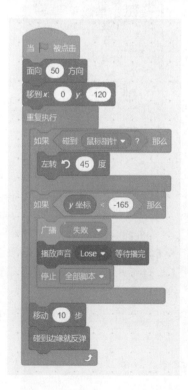

这就是完整的球控制程序。如果游戏失败，球不需要额外停止，因为其控制代码播放旋律，暂时停止，并且在此过程中球不能同时运行。稍后我们还要使用"失败"消息。

完美收尾：胜利和失败时出现的文字

典型的游戏不仅会发出声音，还会以书面形式显示游戏是赢还是输。现在，这个部分你完全有能力轻松构建。所有内容都已经准备就绪。相应消息已经存在，并且会被广播。现在仅需创建文字并对其做出反应。

1. 使用编辑器创建一个精美的"胜利"图片作为新角色。为此，请选择角色库中的"绘制"。

2. 例如，根据自己的喜好使用矩形作为背景，并根据你自己的喜好在矩形上方加上文字（如果不确定如何创建自己的角色，请再次阅读第 15 章）。

3. 将角色放置在你想要放置的舞台位置上。

4. 现在，你可以切换到新角色的代码窗口。你的文字需要两个小程序。一方面，它应该在游戏开始时隐藏（显然，游戏开始时你不应该看到它），另一方面，当游戏获胜时它应该可见。

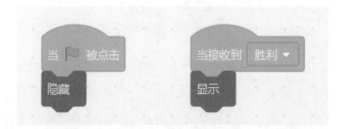

这两个代码包含文字"胜利"。都看明白了吗？游戏获胜时，消息"胜利"会被广播——现在，角色会通过显示对广播的消息进行反应。

在每个新游戏开始时，它都会再次隐藏。同样的操作也需要用在"失败"消息上。

5. 创建一个新角色，显示"失败了"或"游戏结束"（或你认为最好的文字）。

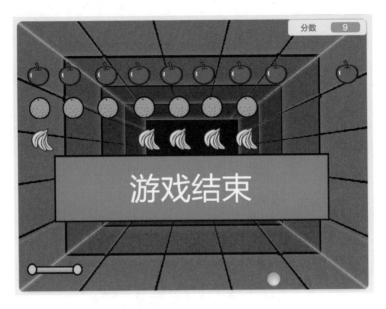

此角色与上一个角色包含几乎完全相同的代码——只是消息内容是"失败"。

已经完成了？还没有呢！

从我的角度看，游戏已经编写完成，你可以玩游戏了。挺有趣的吧？它有声音和文字——而且并不是那么容易胜利。这样你就可以向朋友展示游戏，并让他们进行内部测试。但是，游戏还没有真正完成。现在，你可以根据需要扩展或更改它。

如果你有兴趣，可以改变自己的创意：

- 更改球的大小或击打板的大小。
- 更改球的速度（不使用10步，只需要按照5或7步调整，或者按照需求调整）。
- 为舞台上使用新的背景。
- 更改水果的外观（使用新的造型，更改其大小）。

- 更改水果数量。
- 更改声音。
  - ◆ 插入开始按钮。
  - ◆ 插入公告。
  - ◆ 后台连续播放音乐。

如果你觉得背景音乐并不令人讨厌，则背景音乐可能会为游戏添加更多的复古怀旧的感觉。如果你想这样做，很快就可以完成。你只需要一个重复执行命令，当程序启动时开始，然后一遍又一遍地播放相同的旋律。该程序也可以在舞台上的代码窗口中运行。你只需要从素材库中加载正确的声音，然后添加如下代码即可：

开始时你就不会再听到锣声。

还有一件关于游戏原则的事情：在著名的《突围》（*Breakout*）游戏中，球会从击中的水果身上弹回而不仅仅是飞过去。如果你觉得这样很酷，也可以简单地构建出来。

在球的编码中直接插入以下代码：

一旦球收到"击中"的信号，球就会旋转 90 度，就像击中击打板时一样，只是朝另一个方向旋转。由此，球就可以从水果上反弹。你还想把游戏做得更有趣？那简直再好不过啦！

希望你在每次尝试之后都能有所收获。如果有兴趣，你还可以从头开始构建一个类似的游戏！在此过程中，你将学到很多内容。

第13章

救救可怜的螃蟹

> 上一章中的游戏是一款非常经典的游戏。现在让我们尝试另一个著名游戏的变体。你已经知道了所有需要的技术，你只需要在不同的关系中再次使用它们。你进行编程的实践、练习越多，编程就会越轻松，你也会有更多时间创建一些新内容。

！ 游戏创意

我们要构建的游戏让人联想起 1981 年的经典街机游戏《青蛙过河》（*Frogger*）。在这个著名的游戏中，你必须让青蛙越过街道，然后越过河——不能被车撞到或掉入水中。

在我们的游戏中，你必须带着蹦蹦跳跳的螃蟹而不是青蛙，穿过街道，回到海中，过程中不会与周围行驶的汽车碰撞。在这里，你可以测试自己已经记住的操作。

让我们来创建一个新的 Scratch 项目。首先，删除小猫。这里并不需要它。接着为舞台选择一个合适的背景。因为我们这里有个螃蟹要回到海里，所以大大的海滩很合适。我推荐素材库中的里约海滩（Beach Rio）。

主角

接下来，我们要拖出螃蟹。从角色库中获取角色螃蟹（Crab），并将其大小设置为30%。

主要角色已经在那里，下面你可以开始编程了。

我们要从哪里开始？最好的办法是首先建立对螃蟹的控制。

对螃蟹的控制

螃蟹应该能够通过方向键向左、向右、向上和向下跳动。每次按方向键，它都应该跳——因此，没有像上一个游戏中的击打板那样持续不断地移动。因此，我们可以通过按键事件控制游戏中的螃蟹。

选择螃蟹并前往代码窗口。我们从事件"当按下↑键"开始：当按下↑键时，螃蟹应该跳起来，也就是说，它需要跳起来走10步。

糟糕，螃蟹上下颠倒了。我们不想要这个。因此，单击下面这个积木一次。

可以发现螃蟹向上移动得非常顺利。

接着我们必须在整个程序开始时调用此积木，以使螃蟹永远不会上下颠倒。

但是 10 步真的足够大吗？这个最好稍后在游戏中确认。以后仍然可以更改跳跃距离，而不必在很多地方重写程序，我建议对跳跃距离使用变量。你现在是专业人士，并且知道该怎么做。

因此，请转到变量类别，并创建一个名为"跳跃"的变量。我们将其用作所有程序部分中跳跃距离的数值。

好。现在将新变量插入 10 所在的位置。

很好。但是现在螃蟹不再移动了。为什么？

这是合乎逻辑的，不是吗？"跳跃"变量目前为 0，因为这是新变量，还没有设置其他数值，所以，螃蟹不移动。

一般来说，你可以使用命令为变量设置一个数值，还可以选择另一种很酷的方式来更改变量值。

在舞台的左上方，你将找到数值为 0 的变量"跳跃"。

如果用鼠标左键双击它，数值还是为 0。

如果现在再次双击它，就会发现有趣的地方：

在这里你可以使用滑块，来轻松设置变量"跳跃"的数值。下面试着将其推到 20 并测试会发生什么。

这时螃蟹迈出了更大的一步。

这样的话，你就可以轻松设置螃蟹的跳跃距离。我们稍后可以将该变量隐藏，现在我们选择将变量留在图中并调整，很实用。

下面你可以开始对其他三个方向键进行编程。右键单击代码（最上方的积木），然后复制该程序。

再重复两次，这样就有了四块积木，其设置和数值还必须相应变更，为各个方向键设置正确的方向（上、下、左、右）。它看起来很漂亮，你还可以在每次移动时添加声音"噗"——将声音预设在螃蟹上。

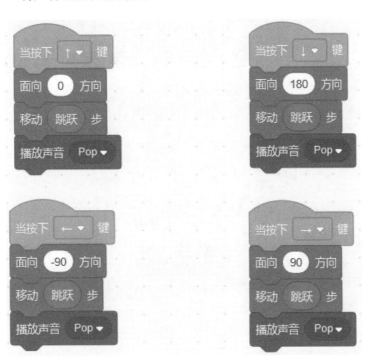

如果你的积木看起来像这样的话，那么你现在可以轻松地从任何方向控制螃蟹，并且每次操作都带有声音。你可以使用滑块设置跳跃距离。这是一个不错的开端，不是吗？

为了使我们不会忘记，我们还需要迅速建立螃蟹的启动程序。其中，螃蟹需要被设置在起始位置上，其旋转方式需要被设置为"左右翻转"，以使其永远不会上下颠倒。

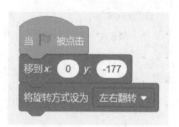

如果现在单击该旗帜，则一切都重头开始。接着会发生什么？

创建马路

现在需要出现道路，汽车在道路上来回行驶，螃蟹需要避开。这样的话，街道需要画在背景上。

1. 请选择左上方的背景选项卡，然后就可以扩展现有图片。

2. 如果激活的是位图，请先单击"转换为矢量图"的按钮。

这样绘制新形状会容易得多。

3. 使用黑色矩形和两条白线创建一条三车道的马路，看起来像这样：

多亏了矢量角色，你始终可以调整线条和框，直到一切都合适为止。

交通规则

汽车已经出现在游戏中，马路开始变得十分热闹。每一条车道都需要设置一种不同类型的车辆，并且有不同的方向和速度。让我们从最下方的车道开始。

从素材库中获取一个新角色——敞篷车 3（Convertible 3）。将其大小设置为 50%。这将是我们的原型。

游戏中的汽车应该做什么？它们的任务是从一边行驶到另一边，当它们几乎不在画面中时，回到起始位置。这产生了永久的车流。第一辆车的代码准备好后，我们可以复制它，然后再制作几辆车。

汽车应该行驶多快？

如前所述，在三个车道上的汽车有三种不同的速度使游戏热闹刺激。我们将这些速度设置为变量，以便以后可以随时调整和优化它们。

因此，创建三个分别名为"速度1""速度2""速度3"的变量。这些变量表示第一、第二和第三车道汽车的速度。

你还可以在舞台上双击变量两次，使用滑块进行设置。

现在，你可以创建汽车程序。汽车最初只是一直向右移动。因此，你需要重复执行移动命令。你将变量"速度1"作为数值放置在移动命令中。

使用滑块将"速度1"的值设置为10，然后使用旗帜启动程序。

正如预期的那样，汽车向右行驶——直到几乎走出图片。然后，它就再也不能进行下去了，因为使用 Scratch，图片的边缘总会残留一些。角色永远不能完全移出图片。Scratch 只允许它走到仍然可以看到角色一角的位置。

因此，你必须扩展程序。当汽车尽可能靠近右边缘时，应再次将其放置在最左侧。你需要一个"如果—那么"积木，一个比较运算符（大于）和螃蟹的 x 坐标值积木。

组装完成后，整个程序如下所示：

你都理解了吗？如果汽车的 x 坐标大于 260（大约在右边缘），则 x 坐标设置为 –260（大约在左边缘）。

用旗帜启动程序，你将看到运行起来的效果。看起来一辆接一辆的汽车正在驶过。

在复制这辆车之前，请不要忘记它的用途。它是螃蟹的对手。

事故检查

因此，在螃蟹的运动代码中查询，是否碰到汽车。如果碰到汽车，则会发生交通事故。发生事故后会发生什么，我们稍后再决定。

你需要"如果—那么"积木和侦测类别中的"碰到"积木，将其拖动到汽车的代码区域中。

现在，在事件类别中创建一条新消息，将其命名为"事故"，并将其插入一个积木中。

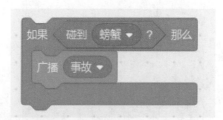

现在，将积木再次插入到运动代码中。

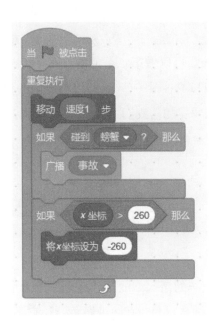

目前就足够了。现在，你可以连续两次复制汽车，并放置三辆汽车，这样就可以为螃蟹留下两个缺口。

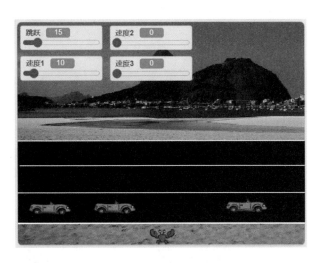

尝试一下。体验一下汽车和螃蟹的速度。螃蟹是否可以在不碰到汽车的情况下穿行？穿行不应该太容易，但是也不能困难到没人能成功完成挑战。稍作调整，直到能够正确运行。

增加更多汽车

现在第一车道已经完成。可以做第二车道的汽车了。为了使游戏更有趣，这些汽车可以做得更小（它们也可以再往后一些），并以与以前的汽车不同的速度行驶。它们也从右向左行驶。这很复杂吗？相信我们可以做到的！

1. 复制三辆汽车中的一辆。

2. 现在，点击新创建汽车的情况下前往"造型"选项卡。在编辑器中选择汽车并更改其颜色。例如，改成红色、蓝色或黄色，让它不同于绿色汽车。

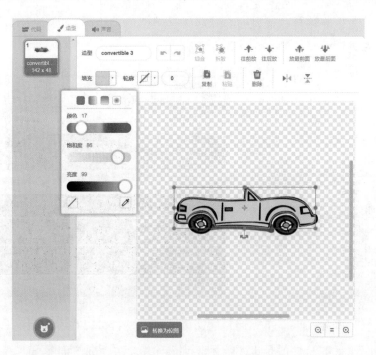

3. 返回到代码窗口。将汽车的尺寸设置为40%，其方向为–90度。然后在命令"将旋转方式设为左右翻转"上单击，使汽车不会倒过来。

4. 现在，你可以将其放在中间的车道上。

5. 然后，我们需要更改汽车的代码，因为它现在应当从右往左行驶。这使查询有所不同：它需要检查汽车是否在左边缘，如果在左边缘，则将其设置在右边缘。即：如果汽车的 x 坐标小于 –250（由于汽车较小，建议使用 250 作为左侧的距离），则将其设置为 260。另外，汽车应该有自己的速度。为此，请使用已创建的变量"速度 2"。使用滑块，调整其大小。

6. 最后，完成的新车程序如下所示：

7. 尝试一下，新车是否能正确行驶。调整时，可以使用"速度 2"的滑块。然后，你可以将汽车复制一两次。我在这里做一次，所以我有两辆黄色汽车。

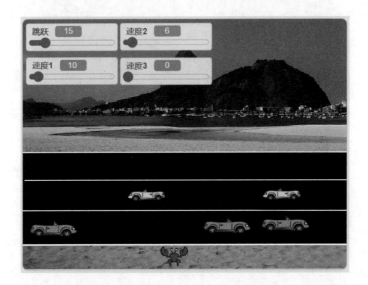

8. 最后是设计大巴车放在最上方的车道上。我的想法是，设计一辆大巴车快速移动过去。为此，请再次复制最下方三辆汽车中的一辆。在"造型"页面上，单击"选择一个造型"。

9. 在那里，选择城市公交（City Bus）作为第三辆车的新外观。

10. 将其大小设置为 30%，然后返回大巴车的代码窗口。现在，你无须在代码中进行太多更改，因为大巴车从左到右行驶，和最下方的汽车一样。你将"速度

3"作为变量插入——因为大巴车和所有车辆一样有自己的速度,因此你选择
255 作为右边的坐标数值,因为大巴车也可以很小。这是大巴车现在的代码。

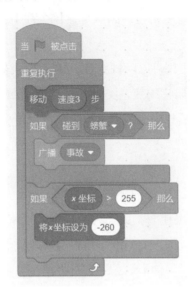

11. 使用"速度 3"滑块调整设置,调整到合适的速度,例如,设置为 15。

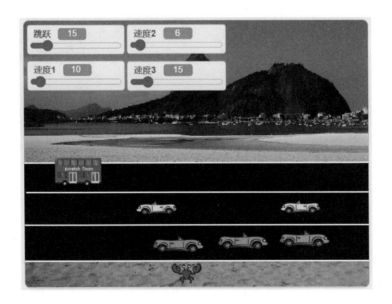

现在所有汽车都可以真正开始行驶了。

这些角色已经制作完成。现在，几辆车的速度应彼此协调。点击以绿色旗帜开始游戏并观察路况。尝试找到一种方法带着螃蟹避开汽车，穿过道路。游戏不能太容易，但是应该可以完成。如果螃蟹碰了到汽车，什么都不会发生（除广播消息外）。我们马上在下一步中进行编程。

如果你对速度感到满意，则可以隐藏变量。在完成的游戏中应该看不到这些内容。

这很简单：选择左侧代码栏中变量类别，然后取消四个变量前面方框中的钩。变量已经不可见了。如果你稍后想修改数值，那么你可以再次勾选，使数值显示出来。

识别碰撞并做出反应

当螃蟹碰到汽车时会发生什么？更好的说法是，当汽车撞到螃蟹时会发生什么？因为在汽车的程序中设置有查询，询问汽车是否与螃蟹接触。

到目前为止，确实发生了一件事情：那就是将消息"事故"广播给所有人。

谁应当对此消息做出反应？

当然是螃蟹。

螃蟹该做什么？

一个简单的建议：首先，它应当首先变得不可见，发出声音，并回到起始位置，然后再次变得可见。

这是我对螃蟹的其他代码的构想。这仅仅是一个建议，当然可能会有所不同。

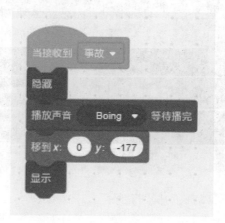

"啵嘤"（Boing）的声音非常适合，可以作为第一条命令添加，添加的方式是，前往声音选项卡，然后从数据库中获取声音（参见章节"声音：你也可以听到角色的声音"）。当然，你还可以使用其他任何声音——甚至是你自己录制的声音。

如果你现在进行测试，游戏真的很有趣。螃蟹冲过马路，当它被撞击到时，它发出"啵嘤"的声音，接着再次回到开始位置。

目标：到达水域

现在只缺少一个步骤尚未检查：那就是螃蟹应该在某个时间到达水中，然后获胜。需要怎样做？

最好就像上一款游戏中的球一样。一旦螃蟹达到一个大于 9 的 y 坐标（取决于你的舞台结构如何，其值也可能会略有变化），它就会越过马路。

应该在什么时候检查坐标？

当然是在螃蟹的每一步之后。但是有四个不同的行走选项（上、下、左、右）——我们是否必须在四个运动代码的每一个中都设置此查询？

没有必要。有一个更简单的技巧：

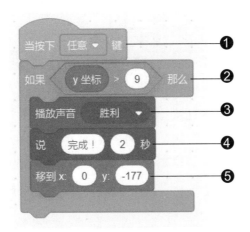

❶ 按下任意键。

❷ 检查，螃蟹是否已经到达水中。

❸ 播放胜利的音乐。

❹ 说："完成！"然后等待 2 秒钟。

❺ 返回起点。

我们在按下任意键时，查询螃蟹是否到达上方。然后，它能保证随着螃蟹的每一次运动都被调用。

究竟会发生什么情况取决于你。在此示例中，会播放一个声音（你需要事先将其添加到螃蟹中），然后螃蟹在对话气泡中说："完成！"等待 2 秒钟，再返回到其起始位置。

目前，这只是游戏的低配版本，但已经挺好玩了！

扩展游戏

与以前的游戏一样，当然还有很多机会可以实现进一步改进和扩展游戏。

我们可以添加更多声音：螃蟹进入水中时，可以添加背景音乐和音效。在 Scratch 的声音素材库中，你可以找到相应的声音或录制自己的声音。

初始标牌：游戏开始时会出现一个标有"开始吧！"或类似字样的标志。一秒钟后，字样消失。你只需将标牌创建为角色，并在编辑器中绘制。使用绿色旗帜开始后，先"显示"，然后"等待 1 秒"，接着"隐藏"。

游戏扩展：螃蟹有三条命，每当它到达水域时，它都会得到 1 分，如果它跑了 3 次仍未成功，则游戏结束。要对此进行编程，你需要两个变量，可以将其称为"分数"和"生命"。最初，分别将它们设置为 0 和 3。每次进入水域时，"分数"增加 1；每次被车辆碰撞，则"生命"减少 1。如果"生命 = 0"，则游戏结束。

为了使游戏更令人兴奋，你还可以在螃蟹每次到达水域后将汽车的速度（"速度1""速度 2""速度 3"）分别提高 1。然后，游戏就会变得越来越难。

第14章
甲虫迷宫

> 这个游戏有不同的规则：这是典型的"迷宫游戏"。让甲虫穿过迷宫，收集硬币，并提防幽灵。你将学习到一些新技术，并进一步关联你已经了解的技术。

你现在已经完成了两个游戏，现在可以继续下一个游戏项目。在开始之前，你应该了解清楚游戏的具体内容及如何运作。

游戏创意

这个游戏的原理会让人想起经典的《吃豆人》（*Pac-Man*）游戏：玩家使用键盘上的方向键移动甲虫穿过迷宫。甲虫从底部开始，必须达到顶部的目标。在途中，甲虫必须收集周围所有的硬币。它还必须提防在舞台上垂直或水平飞行的幽灵。收集了所有硬币后，目标出现在顶部，甲虫可以触摸它并赢得比赛。

游戏需要哪些基本元素？

- 可以看到迷宫的舞台。
- 一款游戏角色（我们取名为甲虫）。
- 一条重复执行的命令，包含方向键的查询（用于控制甲虫）。
- 一条每次运动时进行的查询命令，用于保证甲虫不会穿过迷宫墙壁。
- 可以收集的大量硬币（角色），即当硬币碰到甲虫时，硬币变得不可见。
- 幽灵角色一直来回移动，并在碰到甲虫时结束游戏。
- 收集完所有硬币后，目标角色（星星）出现，并在甲虫触摸它时，广播"胜利"。

■ 另外：一个计数器，用于计算是否收集了所有硬币，然后才能使星星出现。

现在可以开始了。让我们从舞台开始。重新启动 Scratch，然后还是需要删除小猫。

在舞台上绘制一个迷宫

迷宫是游戏的基础。你可以直接在舞台上绘画。选择背景选项卡，然后直接打开用于创建自己角色的编辑器。在这里，你应该主要使用矩形工具。选择深蓝色作为填充色，并选择无轮廓色：

开始。先用蓝色绘制狭窄的轮廓——在顶部和底部留出间隙。为此，你需要绘制六个细长的条形。你可以使用抓取点拖、拉、缩小和放大，直到修改到合适的尺寸。

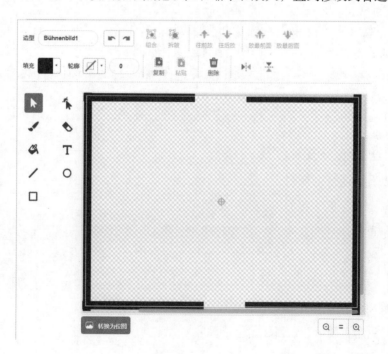

现在，你可以使用相同的颜色构建许多稍粗的横条，迷宫的外观最终如下所示：

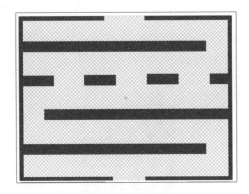

请注意，空白区域的宽度应当差不多大，以便角色能顺利通过。

甲虫的控制

完成后，马上进行下一步。我们需要一个游戏角色，也就是甲虫。单击新角色，然后从素材库中选择甲虫（Beetle）。将其命名为甲虫，缩小到能够通过迷宫白色空隙的大小（35% 的大小应该可以顺利通过）。

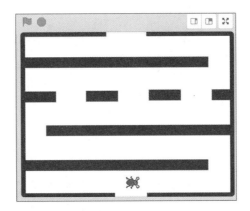

把尺寸调整合适。

太棒了。最重要的就是这两样——迷宫和甲虫。现在，甲虫应该学会走路。只要我们按下方向键，它就能够平稳滑动。你还记得如何编程吗？

和通过键盘事件激活螃蟹（第 13 章）不一样，而是像弹跳球中那样左右滑动击打板类似（第 10 章和第 11 章）。

只是此处的甲虫可以在四个方向上移动。为此，我们需要一个持续进行的查询——它需要被放在重复执行命令中。选择甲虫并开始：

一切从旗帜开始——然后使用无限循环。

现在，它的操作方式几乎与击打板相同。我们查询每个方向键。首先是右方向键：

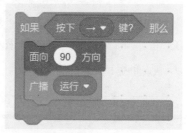

如果按下"右方向键"，请向右旋转（90 度），然后将"运行"事件广播发送给所有人。

你必须为命令"广播运行至所有人"创建一条消息"运行"。创建方法你已经从以前的游戏中学过了。

> 为什么要在这里发送"运行"消息，而不只是使用向前迈出一步的命令？
>
> 如果继续运行，你将看到广播一条信息并且稍后在共同的代码积木中处理往往更明智。因为稍后运行时，总是只前进一步并不简单，在每次前进一步时，需要进行检查。我们待会再在一段由"运行"启动的代码中执行所有操作。使用消息，你可以创建"自己的命令"的命令，该命令将在每次广播消息时执行。

现在，你将连续重复此查询三次，并将其每次相应更改为"左方向键"和 –90
度，"上方向键"和"0 度"，"下方向键"和"180 度"。然后，将所有查询彼此连接，
并插入重复执行命令中。

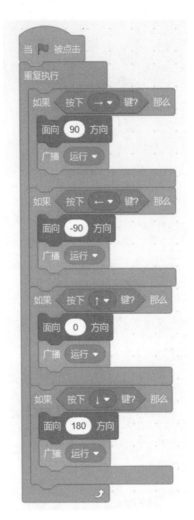

你的甲虫代码现在是这样的。查询所有四个方向键，并且甲虫始终向正确的方向
旋转并广播发送"运行"消息。

使用绿色旗帜可以一次启动所有代码。

你要观察什么？完全正确：当你按方向键时，甲虫会转动，但不会移动。甲虫还

不会移动，因为仅广播发送消息"运行"并不能执行任何操作。该消息现在被广播发送到"虚无之中"。只有存在响应广播消息的代码时，广播的消息才能触发某些内容。

下一步，你就要构建此代码。切换到事件类别，并且拖出积木"当接收到消息1"，然后从运动类别中拖出"移动 10 步"。

组装积木（作为甲虫的附加代码），并将步数设置为 3，将消息设置为"运行"。

一旦组装好这段积木，每次它们就会对事件"运行"进行反应，并且甲虫会向前移动一小步。单击旗帜并测试。

棒极了！甲虫可以移动，并且可以使用四个方向键在各个方向上流畅、均匀地移动。

墙壁作为障碍

现在，甲虫仍然可以穿过迷宫的墙壁。当然了，这是不符合逻辑的。

如何防止甲虫从墙上穿过？

有几种方法可以做到这一点。需要实现的是：

在甲虫每走过一步后进行检查是否触碰蓝色（准确地说是迷宫墙壁的颜色）。如果碰到蓝色，那么就代表它撞到了墙上。

使用以下方法进行测试：

检查的颜色与迷宫的颜色必须完全匹配。为此，你必须单击程序积木中的颜色。

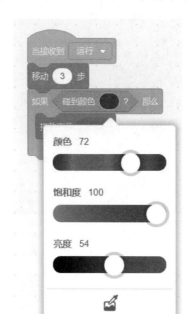

这将打开一个颜色选择器。在这里，你单击底部的滴管符号，然后使用稍后出现的放大镜选择迷宫墙壁的颜色。

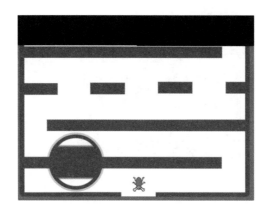

再次单击，可以确定现在正在测试的颜色是匹配的。启动程序一次，然后操作甲虫穿过墙壁。甲虫触到墙壁后，你会听到一声"噗"（Pop）。这样就是已经能够正常运行了。我们的程序可以检查甲虫是否碰到墙壁。如果甲虫碰到墙壁，则会播放声音。

其他游戏创意：甲虫不得碰到墙壁

如果需要，你可以使用我们现有的游戏来构建自己的游戏。无须发出"噗"声，甲虫可以在碰到墙壁时直接回到初始位置。然后，你将拥有一个技巧游戏，其中必须控制甲虫穿过迷宫而不碰到墙壁。甲虫一旦碰到在上方某处的目标，就可以赢得游戏。

如果你有兴趣，还可以随意构建这样的游戏。迷宫的墙壁也可以设计得更复杂。墙壁的程序真的很容易完成。现在你已经完成了几乎所有的工作。

现在，回到我们的计划。碰到墙壁时，甲虫不应发出"噗"的声音，也不会回到初始位置，而是根本无法穿墙而过。如果路中间有墙壁阻隔，那么甲虫就不能继续前进。

墙如何阻止甲虫？

这也很简单：只要甲虫碰到墙壁，它刚刚走出的一步就会撤销。也就是说，如果甲虫刚刚走出 3 步，那么现在就会走出 –3 步。因此，如果墙壁处于路中间时，甲虫会留在原位，不能继续向前。

因此，我们更改了运行代码：如果触到了蓝色，则退后三步。

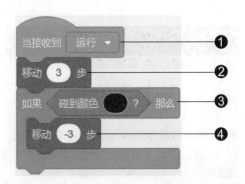

❶ 当接收到运行命令时。

❷ 向前走 3 步。

❸ 如果甲虫现在碰到墙壁。

❹ 则返回。

现在，将甲虫放在空白空间，并用旗帜启动代码。

你注意到了吗？现在，甲虫不能再穿过墙壁了。如果路上有一个蓝色条形，甲虫就不能继续前进。甲虫只能在白色空隙中移动。实际上，甲虫一碰到墙，就会短暂地来回走动。但是它发生得非常快，你甚至都看不出这个动作。

现在进行测试

控制甲虫穿行整个迷宫，并检查其是否可以走遍所有位置。如果甲虫卡在某个地方，则必须将其再缩小一些，或者将迷宫中的条形再移动一些。

现在迷宫游戏可以顺利运行了。甲虫可以在迷宫中穿行。为了在每次启动时不必将甲虫手动放回初始位置，你应该让它在启动时自动返回起点。因此，需要使甲虫朝向 0 度（向上）方向并将其完全推入下方的空隙中。现在，你可以直接拖出"移到 x: y:"命令，其中包含你所选位置的正确数值。

将这两个蓝色命令添加到主代码的起始位置：

从现在开始，每次启动时甲虫的位置和方向都会自动重置。单击旗帜，甲虫在迷宫中上下穿行移动。步骤 1 完成！

用于收集的硬币

下一步：甲虫应该在行走途中收集硬币。我建议使用十枚硬币。你已经知道如何开始游戏了：你可以创建有自己代码的硬币——完成代码编写后，可以在游戏中复制、粘贴九次。

因此，首先要创建一个新角色。我使用素材库中的绿色按钮 1（Button 1）作为硬币。如果需要，还可以调高亮度，使其视觉效果更明亮。缩小角色，使其匹配迷宫的大小，并将其命名为硬币。

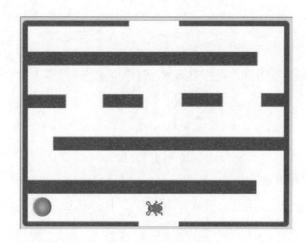

现在为硬币编写程序。硬币可以执行哪些命令？

当然是使用旗帜启动代码（和所有其他内容一样）。开始时，硬币必须可见（如果以前是不可见的）。然后，它进入重复执行的循环，并且检查是否碰到了甲虫。如果碰到了，则硬币变得不可见。此外，硬币还需要广播发送消息"已收集"。为什么？当硬币被甲虫收集后，我们还需要对此做出反应。

硬币代码具体如下。你可以自己完成吗？

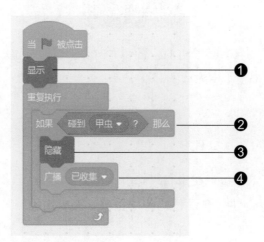

首先，使硬币可见 ❶，其次，持续检查硬币是否碰到了甲虫 ❷。如果检查到触碰，则硬币变得不可见（隐藏）❸，然后将"已收集"广播发送 ❹。最后，还会执行由消息"已收集"触发的额外代码。这部分代码，我们稍后编写。

现在，你可以复制出总计十枚硬币，然后将它们分散放置在迷宫中。例如下图：

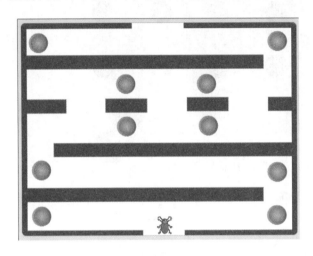

这样安排，硬币会在游戏中更好地发挥作用。

再次测试：单击绿色旗帜，让甲虫穿行一次并收集所有绿色硬币。程序运行。硬币一一消失。如果重新单击绿色旗帜，则所有硬币都重新出现在原位，因为它们都有相同的在起始阶段显示的代码。到目前为止，游戏的运行还不需要在每次收集硬币时，每个硬币广播"已收集"消息。

我们需要使用"已收集"消息做什么？

稍后，为了计算硬币数量，我们需要检查已经收集了多少硬币。但是，为了有趣，我们现在就可以使用一次。

我们编写只要收集到硬币就会启动的事件代码，最好重新在舞台的代码区域中启动。由于此代码不属于某个角色，因此是通用的——你应当定期使用属于游戏控制的代码。为此，单击素材库右侧的舞台符号选择舞台。

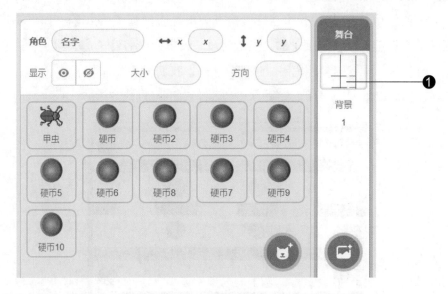

在此处选择背景 ❶。在代码窗口中创建一个分配给该舞台的程序。

那么，当收集到一枚硬币时还应该发生什么？

使用声音怎么样？只要收集到硬币，就会发出"噗"（Pop）声。

这就是你所需要的。在舞台的代码窗口中创建此代码。一旦碰到硬币，就会广播"已收集"。并且，此代码每次都会启动并产生"噗"（Pop）声。

你还可以使用其他声音

如果你想，你当然可以选择其他声音，例如铃铛声。你只需要将其分配给舞台。也许你想录制自己的声音？你可以前往声音选项卡选择声音（左下），然后点击麦克风符号。你可以在第18章中找到更多有关使用声音的信息。

创建目标

现在，是时候为甲虫创建可以实现的目标了。创建一个角色作为目标（例如：一颗黄色的星星），并将其放置在上方的空隙中。

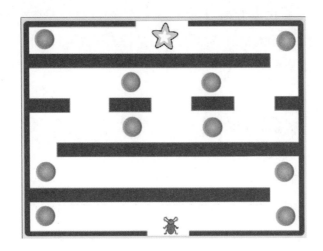

首先，为星星编制一段非常简单的代码。这段代码检查甲虫是否碰到星星。如果碰到，则玩家胜利，并广播消息"胜利"。在新代码中将会处理消息，当游戏胜利时，将会出现一些庆祝胜利的内容。

因此，前往星星的代码窗口，并构建以下程序：

为此，你必须再次创建一个新消息，即"胜利"。（从星星的角度看）当其被甲虫碰到时，就会广播消息。从甲虫的角度来看，它一碰到星星就会广播发送消息。

硬币计数器

到目前为止，一切都很好。游戏创意是，只有收集了所有硬币，才能看到此目标。你应当如何检查是否已收集了所有硬币？

和弹跳球游戏（第 10 章和第 11 章）中计算所有水果是否都被击落类似。我们需要一个每次收集硬币都会增加 1 的计数器。一旦计数器达到 10，目标就会显示。

因此，现在你需要设置计数器。你还记得怎么做吗？你需要变量——一个所有代码都可以访问的数值。对你而言，这将计算出所收集硬币的数量。

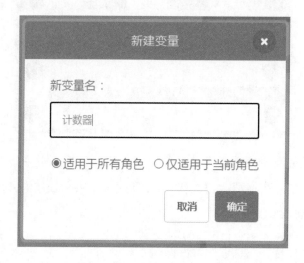

在变量类别中，单击新变量并创建一个名称为"计数器"的变量。现在，名为"计数器"的变量命令积木可供使用。首先，必须将计数器初始数值设置为 0。

切换到舞台的代码区域，并在此插入以下积木：

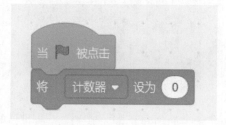

这是计数器的初始命令。数值设置为 0。

为什么是在舞台代码中？

这个问题很好：人们可以将此变量一直设置成 0，因为从各个位置都可以访问它。最主要的是，这会在整个程序开始时执行。你还可以将此命令放在甲虫代码的开头，或者放在项目启动时的代码的开头。但是，由于我们总是在舞台的代码窗口中放置游戏控制的代码——那为什么不一起放在这里呢？你应该一直在相同的位置统一执行此操作。如果稍后需要修改，也会比较容易找到它。

现在继续。你将停留在舞台的代码窗口中。这也是收集到硬币时启动的代码。到目前为止，程序只播放一种声音。现在，还可以多做一些，也就是每次计数器增加 1 时，就检查计数器的数字是否达到 10。如果达到，就广播消息"显示星星"。因为，这时，所有的硬币都已经被收集到。

舞台的代码是这样的：

你可以把所有东西组装在一起吗？你需要绿色比较运算类别中的"0 = 0"，将变量"计数器"插入左侧的空位，右侧插入数字 10。你需要创建"显示星星"消息。

！

为什么需要"显示星星"消息？程序不能直接使星星显示吗？

的确不行，程序在这里不能直接起作用。在 Scratch 中，代码只对其所属的对象起作用。属于舞台的代码无法更改星星。因此，通常情况下，需要转化一下，通过广播消息，星星在收到消息后，自己变得可见。

那么，为了让游戏正常运行，还缺少什么呢？当然，"显示星星"的消息必须被接收到——以便消息到达后星星可以立即显示。现在，再次选择星星。在现有代码的开头插入"隐藏"，并且为接受消息"显示星星"创建第二个代码积木。

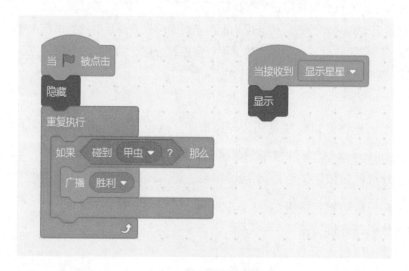

这就是星星的扩展程序。一开始，星星必须隐藏，因为在游戏开始时不应该看到它。当收到"显示星星"的消息时，星星变得可见。

再次进行测试：单击绿色旗帜，现在你可以在整个迷宫中移动甲虫、收集绿色硬币。一旦所有硬币都被收集，黄色星星就会出现。

在上边缘，你可以看到变量"计数器"，每收集一枚硬币，数字就会加1。这在测试时十分实用，但是不需要出现在最后的游戏中。玩家不应该看到变量"计数器"。你需要如何将它们从舞台上移除？你已经知道了，不是吗？

前往变量积木类别，将变量"计数器"取消勾选：

变量仍然存在，但是你无法在舞台上看到它。

现在，游戏运行正常，可以开始游戏、收集硬币、触摸星星并赢得胜利了。现在缺少的是输掉游戏的方式。与上一款游戏一样，我们现在仍然需要"危险"——在这种情况下，对手角色应当对甲虫充满危险。

对手的编程

在这个版本中，我们将设置六个对手——幽灵会在舞台上水平和垂直移动，并且我们的甲虫不得触摸它们。否则，游戏将失败。与往常一样，首先要创建一个角色，向其中添加一个巧妙的代码，然后复制粘贴几次。

从素材库中选择幽灵（Ghost），创建一个新角色，并将其命名为幽灵。最好将其大小设置为40%。

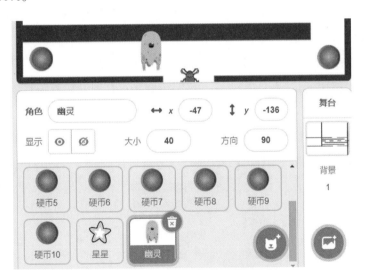

让我们从游荡的幽灵开始。程序启动后，它们就已经处于活跃的状态了，也就是使用绿色旗帜开始后，这些幽灵就要来回移动并且从边缘反弹。这些设置你可以自己完成吗？

下面请自己尝试编写幽灵的代码。随后我将向你展示参考代码。

解决方案如下所示：

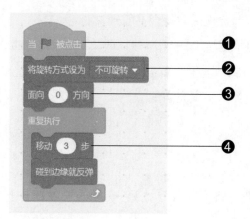

没有什么了不起的技术：使用绿色旗帜 ❶ 开始，开始时将方向设置为 0 度 ❸（向上），旋转方式变为"不可旋转" ❷，以使幽灵不会翻转。然后重复执行移动 3 步 ❹（你也可以更改步数）并从边缘反弹。

这样，幽灵就从底部浮到顶部，然后返回，一次又一次。当然，当它碰到甲虫时，就会发生一些事情。游戏挑战失败。

我们在幽灵的无限循环中插入一个小查询。如果碰到甲虫，直接广播消息"失败"。你需要新建此消息。和往常一样，我们稍后决定在何处接收消息、如何处理该消息，以及将会发生什么。

至此，幽灵的代码就完成了。还有一点视觉上的小事：因为它们是幽灵，可以漂浮在所有物体上，所以如果是半透明的话，那就太酷了。你可以通过设定外观效果轻松地做到这一点。直接将此命令添加到开头（就在旗帜之后）：

幽灵实际上是透明的。

下面开始测试程序是否可以运行，幽灵是否是半透明的，从下往上飞行，然后再从上往下飞行。怎么样？还行吗？现在，你已经准备好了。将幽灵复制五次，你就会有六个幽灵角色。将四个幽灵放置在迷宫的四个角，两个（水平移动）在从上述第二和第三条通道处左右移动。

顶部和底部的四个幽灵在竖直方向来回移动，其他两个幽灵在水平方向来回移动。

安排它们的方法：

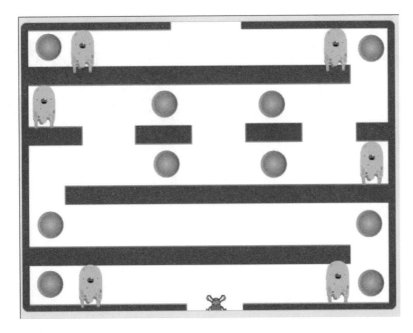

为了使幽灵在游戏开始时始终处于相应的起始位置，你当然需要在代码开始时将它们的初始位置逐个写入代码。幸运的是，这很容易。

你在角色库中逐个点击这六个幽灵，然后从运动代码类别中选择"移到 x: y:"命令。

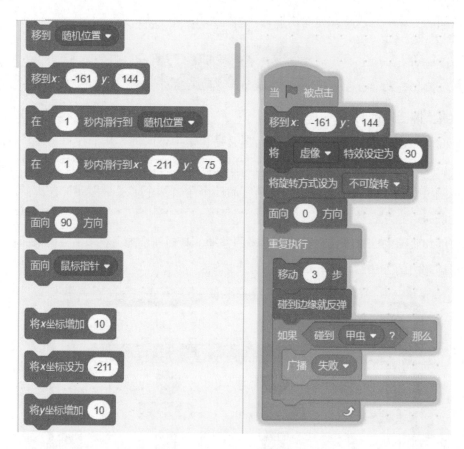

一个接一个切换，然后将"移到 x: y:"命令拖入代码中——就在相应代码的开头。这样，每次开始时幽灵的起始位置就会被精确定位。

这些命令已经包含了你调用时角色所处位置的当前坐标。因此，你无须再输入任何内容，只需将命令拖到所选幽灵的代码开头即可。

并注意：在游戏中，其中两个幽灵应穿过通道移动，即左右来回移动——也就是从上数第二条和第三条白色通道。你必须一个接一个地选择幽灵，并稍稍更改其代码。在右侧，将开始方向设置为 –90 度（向左）；在左侧，将开始方向设置为 90 度（向右）。

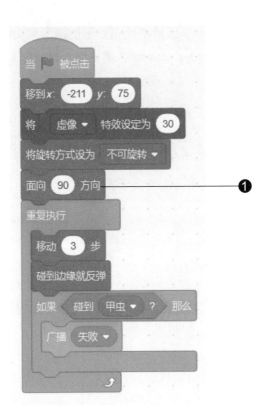

最后，左侧水平移动幽灵的代码就是这样的 ❶。右侧幽灵在方向命令中的数值为
"–90"。

一切准备就绪？然后启动程序。一群游荡的幽灵简直帅呆了！

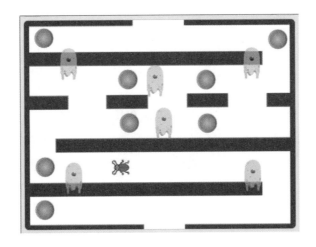

然而，你仍然可以让甲虫安全地触摸幽灵。虽然消息"失败"已经被广播到每个角色，但是还没有起效，因为没有代码响应广播。现在是时候做出改变了！

碰到幽灵时失败

首先，你需要考虑：如果甲虫碰到一个幽灵应该发生些什么？只是停止程序吗？那可能会有点无聊。甲虫是不是应该重新回到起始位置？还是游戏应该以消息"失败"结束？

尝试所有三种不同的方式。

程序仅在甲虫碰到幽灵时停止

代码应重新放在舞台中，因为代码会影响整个游戏，而不仅仅是某一个角色。

你知道如何编程吗？记住，如果甲虫碰到幽灵，消息"失败"会自动广播。你现在要做的就是对广播的消息做出反应。

解决方案：选择舞台，构建以下代码：

这是最简单的解决方案——但这可能有些无趣。当碰到幽灵时，游戏终止，没有通知和警告。如果你想做，可以添加声音，至少在失败时可以听到。

甲虫碰到幽灵时重置

这段代码不是特别难，但是如果将其分配给甲虫会更容易。这样你就可以直接将甲虫设置到新位置（起始位置）。

首先，从该舞台删除终止代码，否则，一旦碰到幽灵，程序肯定会终止。

试试自己获取下一个代码。选择甲虫并编程，在收到"失败"消息时，甲虫会返回其原始位置。你还可以添加声音。

解决方案是:

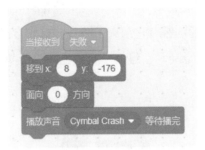

甲虫的新代码应如下所示。在接收到"失败"信息时,需要直接重置为初始位置,并且方向朝向 0 度(向上)。此外,还可以播放声音"钹声"(Cymbal Crash)。你当然可以选择其他的声音——但首先必须在声音选项卡中将所需的声音分配给甲虫。

这样你就可以玩游戏了,试试看。这真的很难。如果对你来说太困难,则必须减慢幽灵的速度或使甲虫更快。你需要在每个幽灵的代码中改变步数(例如:改成 2 或 1)或者在甲虫代码中将步数改为 4 或 5 以及相应改成 –4 或 –5。

该解决方案唯一的缺点是:你的游戏不会失败,因为你可以随时重新启动。如果你能接受这一点,你可以像这样保留代码。游戏绝对是有趣的。但是,在甲虫碰到幽灵结束时,如果有一个提示就更好了。

游戏以通知结尾

在你尝试使用一条通知结束游戏之前,你需要再次禁用以前的解决方案。为此,你需要从甲虫的代码中分出"当接收到'失败'"命令。然后,此命令将不再被执行。

现在做的与弹跳游戏相同（第 10 章和第 11 章）：你创建（绘制）一个角色，该角色由"真遗憾，失败了"或类似文本组成。该角色在一开始时是不可见的，收到"失败"消息后显示（变为可见）。然后它结束了游戏。首先自己尝试一下！

解决方案：通过切换到绘制，创建一个新角色：

现在，在编辑器中创建一个图像，可以与下图类似：

将图像命名为"失败标牌"，并且将其放置在舞台中央。现在，在代码窗口中为此角色编写两个代码：

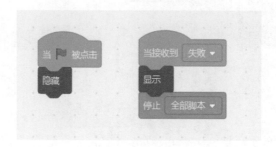

左侧：游戏开始时，角色必须不可见。右侧：如果游戏输了，则出现标牌，整个程序结束。

程序会运行的——试试吧！你要使用哪种解决方案，第二种还是第三种，这完全取决于你。

赢得游戏

现在，你可以通过收集所有绿色硬币，然后触摸星星赢得游戏。否则，所有的努力都是徒劳的。

我们已经准备好一切。当星星被碰到时，"胜利"消息自动广播，并且当所有硬币被收集时，星星便会出现。然而，现在还缺少最后的收尾。原则上，它和输掉游戏一样。你需要一个图像作为角色，一块标牌或者一段文本均可，内容是游戏获胜。收到消息"获胜"时，角色出现，并且游戏结束。

这些你可以独自完成吗？试试看，使用角色编辑器重新创建一个新角色。例如：

当然，你可以按照你的想法设计此角色。

现在，可以为此标牌使用与失败标牌上完全类似的代码：

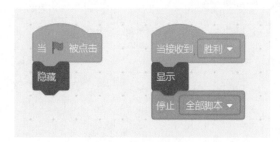

游戏开始时此消息不可见。当碰到星星（如果收到"胜利"消息）时，标牌出现，并且游戏结束（获胜）。

这就是游戏完整的基本结构。下面就可以好好玩这个游戏了。玩家可能赢得游戏，也有可能输掉。想要获胜并没有那么容易。

你如何根据自己的想法进一步扩展游戏？

在具体过程中你想怎么改就可以怎么改。想一下，你对什么感兴趣。这里有一些建议：

- 添加你自己的声音。
- 更改幽灵和甲虫的速度（每个幽灵的角色都需要调整，甲虫只需要更改一次，并且必须调整相应的负值），直到你觉得困难程度符合预期。
- 插入一个计算生命的变量。最初，变量可能为3，在碰到幽灵时，甲虫重新返回下方，并且生命值减少1（将生命增加-1）。当生命值达到0时，游戏结束。
- 插入开始按钮。
- 在背景中播放音乐。

你觉得这其中的部分建议有些困难？你只是缺少实践，多练习操作吧。你可以先保存原来完成的游戏，然后继续进行本书中的内容。你可以稍后再调用游戏，并使用新知识进行扩展！

第15章

可以计算、掷骰子和翻译——运算和特殊命令

> 计算机可以进行计算。这没什么特别的，因为计算才是计算机的主要功能。到目前为止，我们只是偶尔使用到运算命令。但是，项目越高级，我们就越会频繁使用运算命令来计算数值。本章重点介绍数字运算。Scratch 还可以轻松处理单词和语音。

运算代码区

前往运算代码区域，你会发现大量用于连接数字（或者文字）、比较和计算的积木。你已经在游戏中使用了其中的一些运算符，即比较运算符和正负运算——你还没有遇到其他一些运算符。

使用前四个积木，你可以加、减、乘、除数值或变量。使用第五个积木会产生一个在两个规定数字之间的随机数。

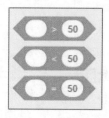

使用这些比较运算积木，你可以在一个条件中检查数值是否比其他数值更小或更大，或者两者相同。

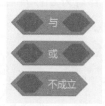

使用前两个积木，你可以连接多个条件，从而检查两个条件是否都适用（"与"条件）还是只满足两个条件之一（"或"条件）。使用第三个积木检查否定条件（"不成立"条件）。

在这里，你可以将角色或单词彼此连接、使用和检查单词或单个角色。

这些是特殊的计算，用于查找除法的余数或一个数字四舍五入的结果。最底层的积木是一个多种数值运算积木。可以确定一个数字的数量。你也可以通过单击"绝对值"，并且可以从这里选择大量数学功能，例如：更改其功能，从而选择许多数学函数，例如取整、平方根、正弦（sin）、余弦（cos）、正切（tan）、对数（log）等。

让我们测试一下。创建一个新的 Scratch 项目，并给小猫以下迷你代码：

现在单击小猫——会发生什么？它在绿色积木中说出了正确的计算结果：

绿色积木通过 Scratch 自动计算。结果通过"说"命令输出。你可以使用所有四个基本运算积木来执行此操作：加、减、乘、除。尝试不同的任务。

如果算式更长会怎样——例如：3 * 5 + 7= ？你只需要将两个绿色积木嵌套，即可实现。

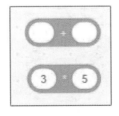

现在，将下方的积木拖入上方积木左侧的白色区域中，并在右侧白色文本框中写入 7。

以这种方式，你甚至可以连接任意数量的运算。或者，你可以将文本和数字组合在一起。在这里尝试一下——你需要使用"连接"运算：

使用连接运算，你可以将两个元素（文本或数值）彼此相连。左侧部分，"结果是"，末尾输入一个空格。右侧空位中，你可以看到我们刚才的计算示例。

如果你现在单击小猫，会出现有趣的情况：

有趣的是，在运算积木中没有"变量"数字时 Scratch 可以在一个程序中计算出之前尚未确定的数值。

问题和回答

并非必须在程序中创建所有的数值。必须有一种可以在程序运行期间输入并让程序对其做出反应的数值。为此，在 Scratch 中有"询问"命令。我们在蓝色侦测类别中可以找到这条命令。这条命令也可能在变量或运算类别中。

试试这个小猫的代码——你将知道"询问"命令的工作方式。（在"你好"后面必须有一个空格。）

如果你现在单击小猫，它将询问你的名字。你可以在下面的输入栏中输入。该代码将持续保持，直到你输入内容并按回车键为止。你也可以单击蓝色对号。

然后，小猫用"你好"和你的名字打招呼。

你好奥托

使用询问可以输入数字或单词。使用数值"回答"，你可以继续在代码中使用在询问中输入的回答。你还可以使用它来制作一个小型计算器，例如：

前往变量类别，连续两次单击新变量并创建两个新变量：只需将它们命名为 x 和 y。

这两个变量中应该出现你在程序中输入的数值。然后，Scratch 应该由两者计算出总和。那么，如何操作？

输入一个数值并保存在一个变量中

如果你想在 Scratch 中输入数值，请使用"询问"积木完成。如果想要将答案保留在变量中以便以后使用，则必须在问题命令后将你的变量设置为"回答"的值。由此，你会保存变量中输入的数值，并且稍后可以随时使用。

看起来像这样——假设你希望将输入的数值保存在变量 x 中。

现在，你已经将输入的数值保存在变量 x 中，并且稍后还可以使用它进行计算。

因此，你现在需要输入两个数值（x 和 y），并显示两个数值的总和。这是一个示例：

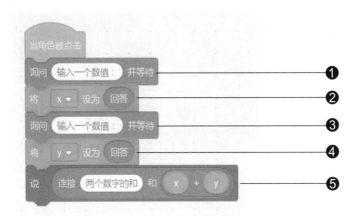

都明白了吗？输入第一个值 ❶，答案保存在变量 x 中 ❷。输入第二个值 ❸，第二个答案保存在变量 y 中 ❹。现在我们可以使用 + 运算，并简单地将 x 和 y 相加。输出结果与一小段文本相连 ❺。完成。小猫为我们计算出了结果！

任务：你自己的计算器

制作一个计算器，可以进行乘法、除法等运算或运用其他计算方法。使用减法、乘法或除法运算。如果你想做，还可以用骰子进行计算。这需要使用多运算符计算（请参见上文）。

随机数：小猫掷骰子

运算代码区中一个特别有趣的积木是：

这将产生一个随机数。在默认设置中，数字在 1 到 10 之间——你可以在此处输入

任意两个值。每次使用此积木时，都会在第一个和第二个数值之间生成一个数字。你不知道会是哪个数字，这就是"随机"。

那么，如何让小猫为你掷骰子呢？非常简单。你生成一个介于 1 和 6 之间的随机数。

小猫的代码看起来非常简单：

每次单击小猫时，它都会告诉你 1 至 6 之间的一个随机数——也就是骰子上的数。小猫为你掷骰子。

当然，如果你愿意，可以做得更漂亮。

1. 创建一个新角色骰子。

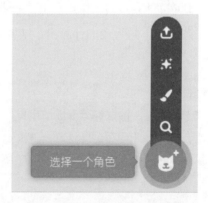

2. 从 Scratch 中选择现有素材发光 -1（Glow-1）作为图片。

3. 切换到角色编辑器（上方的造型选项卡），为角色添加另外 5 种造型，也就是数字图片 2 至 6。注意正确的顺序。

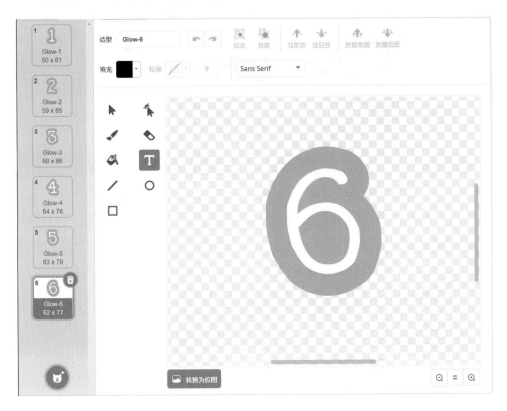

4. 现在，角色"骰子"获得以下代码：

发生了什么？只要单击数字，造型编号就会在1至6之间随机出现一个数字。由于造型同时包含1至6的数字图片，因此每次显示1至6之间的随机数字图像。因此，我们有了一个图片式的骰子，每次单击都会滚动一次。

当然，你也可以任意改进骰子。可以是以下这样的：

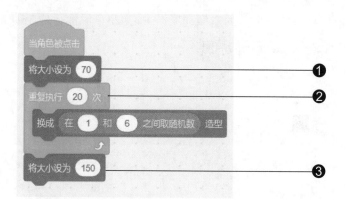

代码做了些什么？首先，将数字的显示缩小（原始大小的 70%）❶。

然后，极快速地连续随机切换 20 次 ❷——就是让骰子在桌面上滚动，并且在此过程中看到不同的数字，然后，将数字的大小设置为 150%（真的很大）❸，并且使最后的一个随机数保持不变。

和往常一样，你可以继续扩展和改进。例如，为骰子配上声音，或者使用更好看的、自己绘制的数字图片。真正的骰子表面是什么样的？

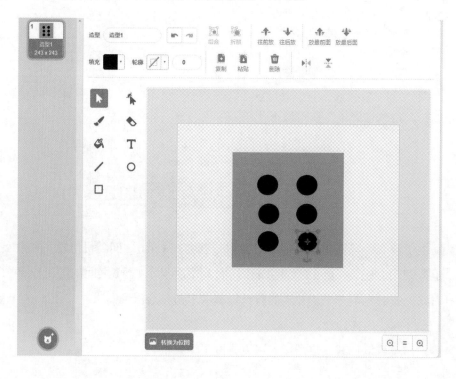

只有想象力会限制你——例如，你可以绘制立方体表面。如果你绘制了全部六个数字，你最后就会有一个"真正"的骰子。

和小猫一起猜数字

接下来，我们使用小猫构建一个猜谜游戏。小猫首先想一个 1 至 100 之间的数字——由你来猜测这个数字。在每次输入之后，小猫都会给出提示，说明你猜的数字比它想到的数字大还是小。如果你觉得自己能行，可以先尝试单独构建游戏。

如果不行，也可以按照以下说明进行操作：

1. 创建一个新项目。把小猫留在那里。我们将使用它。

2. 建立两个变量："随机"和"输入"。

3. 在游戏开始时（通过单击旗帜），"输入"变量会设置为 0，而"随机"变量会为 1 至 100 之间的随机数。这是两个初始值。

4. 输入一个数字，并将其保存在"输入"变量中。

5. 现在，在两个连续的"如果—那么"查询中检查，数字是否过大或者过小，并且相应做出回答。

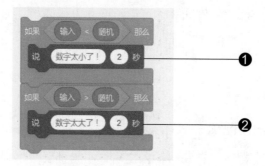

如果输入的数字小于想出的随机数，则会显示出"数字太小了！"❶，如果输入的数字大于随机数，则显示"数字太大了！"❷。

6. 当然，整个过程必须一次又一次地重复，直到输入的数字正确，即等于随机数为止。为此，我们使用一个"重复执行直到"命令（请参见"带有内置条件的循环——'重复执行直到……'"）。当输入的数字正确（等于随机数）时，此循环自动结束。

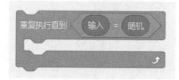

7. 此处插入查询——现在，查询将会持续，直至两个数字（输入的数字和随机数字）相同。

8. 最后，由于两个数字相同，循环结束，目标达成，小猫也对此表示祝贺。

因此，整个代码如下所示：

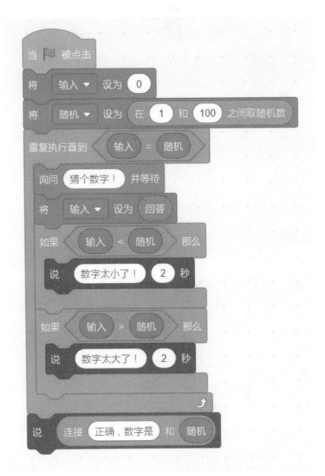

单击旗帜开始猜谜游戏。小猫会想出一个数字，而你来猜测，直至最后数字一致。

第一次在中间开始……

然后，进行下一步……

……直到数字正确为止！祝你玩得开心！

扩展使你的游戏更加出色

你还可以自己扩展游戏。例如，使用不同的角色、优美的背景、较长的介绍、音效或真正的语音对话气泡或每次猜测后会加 1 的计数器（新变量），以便角色最后告诉你尝试了多少次等。

厉害！小猫也能做翻译

在本章的结尾，有一些非常特别的内容——Scratch 3 的新功能：使用 Scratch，你可以在自己的程序中使用 Google 的翻译服务。这意味着：Scratch 翻译命令可以将单词或整个句子从一种语言转换为另一种语言。

> **翻译功能需要连接互联网**
> 为了使该模块正常工作，你必须使计算机联网，因为翻译服务是在互联网上进行的。

创建一个新项目，单击左下角的蓝色按键，激活"翻译"扩展。

由此，你会获得重要的新命令：

此积木将每个句子或单词从一种语言翻译为另一种选定的语言。例如，小猫可以用三种语言说："你好吗？"

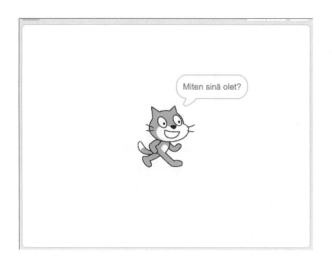

这里显示的是"你好吗？"，不过是芬兰语。

几乎世界上的所有其他语言都是可以相互翻译的。你可以将语言更改为日语、俄语、希伯来语、冰岛语——你将始终看到相应的翻译。

如果额外启用"文字朗读"扩展，将会变得更加令人兴奋。你已经在"文字朗读"章节中了解了此项扩展。这样，Scratch 不仅可以翻译某些内容，还可以说出被翻译为另一种语言的文本。

单击扩展（左下角），然后启用"文字朗读"。

现在，我们不仅可以将"你好吗？"翻译成德语，甚至还可以收听到德语版的"你好吗？"。请记住，必须始终正确设置说话者的语言（使用将……译为某种语言），以便正确发音。

你自己的翻译程序

通过以前所学，你现在可以构建一个小程序，在其中输入中文词语或句子，小猫将文字转化为你所选语言的语音。异国语言令人兴奋，你也可以使用该程序将某些内容翻译成英语。

这个程序有什么用呢？

- 输入文本。
- 将文本设置为中文并说出语音。
- 文本翻译后输出。
- 文本经过翻译后播放。

尝试自己创建此程序。你需要一个变量，最好命名为"文本"，你需要我们已经学习并使用过的积木。

这是用于英语的可行的解决方案：

尝试一下。小猫把每个句子翻译成英语，或者你想要的任何其他语言，这是非常酷炫的一件事！只需要 Scratch 中的几个模块，你就可以使翻译成为可能！

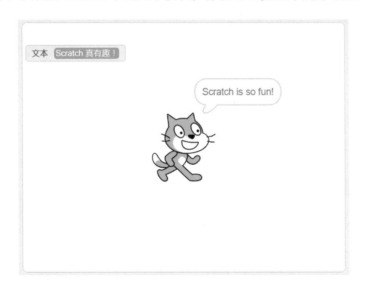

第16章

克隆之战——一变多！

> 克隆——角色在程序运行时的复制，是一种高级技术。一旦了解了这一技术，你就可以用它做很多很棒的事情。

也许你在代码库中看到了克隆角色的命令，并想知道它们有什么用。克隆意味着复制、创建副本。因此，Scratch 中的克隆可以在程序执行期间创建角色的副本，即拥有角色所有属性及代码的克隆体。

!

为什么需要克隆？

想象一下，如果你希望在一款游戏中有 99 个气球飞来飞去。当然，你可以创建一个气球，然后手动复制气球 98 次。但是，这很烦琐，并且你的角色库会变得非常混乱。想象一下，你现在突然想更改角色的代码。太惨了——你必须修改 99 次。再想象一下，你需要重新构建程序，需要出现 10 个、100 个或 200 个气球。

对于这些情况，克隆是 Scratch 中非常实用的发明。解释够多了，我们来动手做吧！

首先，创建一个新项目，删除小猫，并创建一个气球作为角色。缩小（30% 左右），以便我们有足够的空间容纳许多角色。

现在，气球获得一小段可以让其飞过舞台的代码。

旋转方式设置为"不可旋转"，因为气球通常是垂直漂浮的，将方向设置为 1 到 360 度之间的随机数（随机数：请参见第 15 章），并且一按下空格键，气球就会向不同的方向移动，到达边缘时会反弹。到目前为止，一切都很好。尝试几次空格键，然后使用停止标志停止程序。

复制一个气球

现在，我们要尝试使用这个气球进行克隆。

1. 将此积木从"控制"类别拖到代码窗口中。

2. 单击此积木一次。气球数量翻倍。如果你在舞台上移动气球，就会看到有两个。

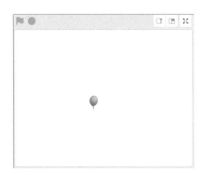

3. 现在，单击舞台上方的红色停止标志。克隆的气球消失。

4. 添加以下代码，用于连续 10 次克隆气球：

一旦单击旗帜，气球就会连续创建 10 个自己的克隆体。那意味着气球在复制自己。

单击旗帜——怎么是你？发生了什么事吗？看起来没什么不同呀……为什么？

现在，我们有 11 个气球。但是，它们彼此重叠。因为它们具有与第一个气球相同的属性，当然也包括有相同的位置。

5. 现在按下空格键!

对啦! 现在，我们的 11 个气球混杂在一起。对于每个气球而言，代码都是由空格键触发的，并且每个代码都获得了不同飞行方向的随机数。

如果现在使用停止标志停止程序，则仅显示一个气球。

> **!** **克隆并不是永久的**
> 仅在程序运行时才会出现克隆体。在结束时，所有克隆体都会消失。

你可能还不熟悉克隆的使用,但是稍后你就会发现它非常实用。如果你现在对气球进行更改,则所有克隆体都将获得相同的更改。

但是,假设你不希望所有克隆体都在同一位置开始,创建克隆体时,如何确保它们处于随机位置?为此,使用这个功能积木:

你可以在控制类别中找到此积木,尽管实际上它是一个会触发代码的事件积木。而触发的内容就是创建克隆体。这意味着,只要启用,每次克隆都是自动进行的。

将以下代码放入气球的代码窗口:

这些代码不会影响你创建的第一个气球,因为它并不是克隆体,而是从一开始就存在的。对于其他 10 个被克隆的气球而言,在创建后就会立即执行命令。试试看——单击旗帜。

第一个气球停留在原处——但是创建的 10 个克隆体都位于不同的随机位置。

事件"当作为克隆体启动时"非常实用,因为我们可以由此确定,如果存在克隆体,那么克隆体会发生什么。

Scratch 中的随机事件

使用此命令 [移到 随机位置▾] (移到随机位置)你可以将一个角色设置在舞台上的任意位置。你自己也不能提前知道位置在哪里。Scratch 每次都设置一个不同的、不可预测的位置。你还可以将绿色运算符 [在○和○之间取随机数] 〔在( )和( )之间取随机数〕用作数值,你可以在 Scratch 中使用任意随机数(有关运算符的内容参见第 15 章)。Scratch 在每次被调用时都会提供一个给定范围内无法预测的数字。游戏中经常使用随机数字。

当然还有更多。添加以下内容：

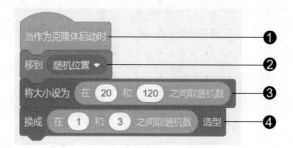

❶ 一旦创建克隆后。

❷ 随机位置。

❸ 设定随机大小。

❹ 选择随机的造型（这里是指颜色）。

单击旗帜后，将创建不同大小和颜色的气球。

每个新克隆体的大小设置为 20% 到 120% 之间的随机数——因此，气球的大小都是不同的，大小从很小到很大都是随机出现的，并且会显示出三种造型中的一种。替代你现在知道的造型名称，也可以使用数字——从造型 1 到造型 3。而在这种情况中，可以使用随机数字。这样就选择了一个随机造型，这为气球提供了随机的颜色，因为这三种造型只是颜色不同。

这看起来很不错。现在更改代码，以便产生 98 个克隆体。

这是不是很疯狂？单击绿色旗帜后，舞台上有 99 个气球，一旦按下空格键，气球就会四处飞行。当你单击停止标志时，混乱结束。

如果你希望所有克隆体都在一条直线上怎么办？那么，我们就不能再继续使用随机位置了。

相邻克隆体排列在一行

如果有 10 个气球需要排在一行，那么必须将 x 坐标依序设置。对于每个新克隆体，它们的数值必须分别大一些，并且每个气球都略微向右移动一些。为此，我们需要一个变量"x 坐标"（创建新变量）。

（回想：为此，请切换至变量代码区并选择新变量，将其命名为"x 坐标"。）现在，我们将代码更改如下：

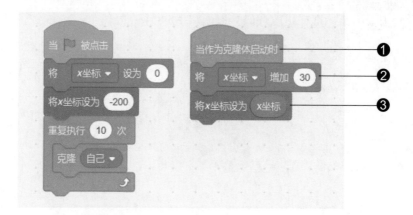

每次创建新的气球克隆体时 ❶，x 值就会增加 30❷，并将气球设置在那里 ❸。
单击旗帜，将出现一排漂亮的气球。

为什么呢？变量 "x 坐标" 在此处用作气球的 x 坐标的数值。每次创建新克隆体
时，此数值都会增加 30 个像素，并将克隆体向右移动 30 个像素。

下一步执行相同的操作，这样就创建了一排气球。

如果你想在编写游戏时出现很多对手，这将非常实用。然后，你只需要创建一个
角色，接着根据自己的需要将角色克隆到程序中。因此，你无须复制它，并且如果要
更改它的任何内容，只需在原件上执行一次即可。

用克隆制作爆炸效果

克隆可以用来做很多令人兴奋的事情。你可以使用克隆来制作爆炸效果，方法是
让角色以小颗粒飞散。我们将在这里学习一下怎么操作。

1. 创建一个新项目。删除小猫。

2. 创建你自己的角色，一个有颜色填充的实心圆形。你只需要在编辑器中自己绘
制即可。

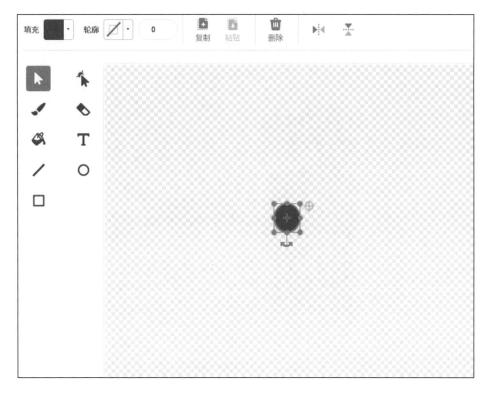

确保轮廓颜色被设置为"无轮廓"。

3. 将角色命名为球。

如果用鼠标单击球，它应该"爆炸"。为此，需要一个代码。首先，将角色克隆
20 次，然后使本体不可见，因此仅 20 个克隆体可见。

4. 切换到代码窗口并构建以下程序：

当然，这还不够。单击球之后，会有21个不可见的球叠在一起，但是现在，我们要确定，当发生克隆时，克隆体需要做什么。

5. 添加以下代码，该代码用于定义当球被克隆时会发生的情况。

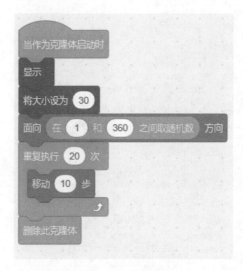

首先，克隆的球应显示（克隆时它们同样被克隆为不可见），然后被缩小到30%。方向被设置为随机值。然后它们在这个随机方向上飞行20次，每次10步。最后，该克隆的球会被删除。

使球可见并测试单击球时的外观。球分解成随机飞行的小点。

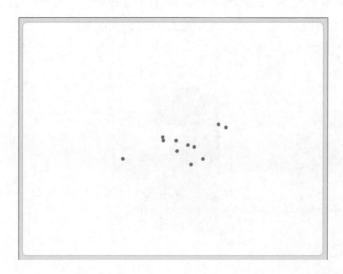

你还可以更改爆炸效果。例如,可以添加重力。每一次运动,颗粒都会下落。为此,请更改代码,使每移动 10 步后 y 坐标减少 5。颗粒每次向下移动一点:

欢迎你在这里继续尝试。你可以通过多种方式制作爆炸效果。这完全根据你自己的喜好而定。

克隆体作为子弹

克隆不仅适合制作爆炸效果,如果你在游戏中需要子弹,例如,使用宇宙飞船发射子弹,那么也非常适合使用克隆。每次发射子弹时,都会产生一个克隆的球,该克隆体会沿一个方向连续飞行。

我们希望立即进行测试。不要删除以前的程序,而是在其中添加一艘宇宙飞船。我推荐火箭(Rocketship)这个角色。将尺寸设置为 30%,然后选择该角色的最后一个造型,以便我们的宇宙飞船看起来像是这样的:

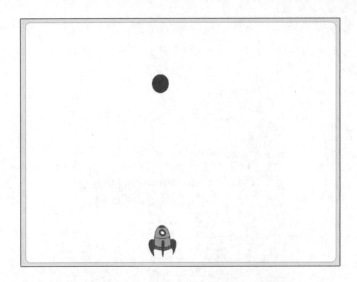

太好了——宇宙飞船已经完成了。现在，你需要一个可以在宇宙飞船发射时克隆的小子弹。相信自己，你可以轻松地完成制作。

选择画笔图标，并在编辑器中创建新角色。在此，你只需要在绘制区域的中央画出一个很小的实心圆。

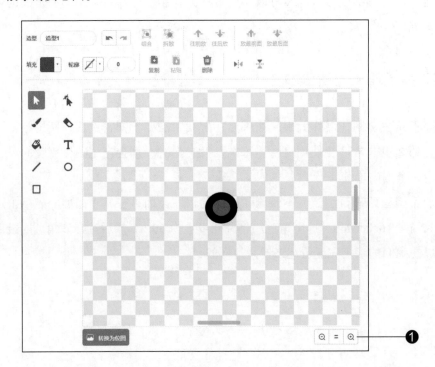

使用（Ctrl）+ 鼠标滚轮，或者单击放大镜图标 ❶ 放大，可以以最简单的方法精准绘制。

将小球命名为"子弹"，然后将其恰好放在宇宙飞船上。

现在，隐藏子弹，因为子弹在发射前不应该被看到。最简单的隐藏方法是在角色检查器中，点击显示按钮中的不可见按钮。

好——现在准备工作完成。在我们的示例中，你应该能够通过按空格键发射子弹。该代码属于控制类别——因此，你可以在舞台的代码窗口中创建它。

如果按下空格键，会发生什么？首先，需要克隆出角色"子弹"的一个克隆体。后续的内容，角色"子弹"会自己完成。

因此，在舞台的代码区域中创建以下程序：

你不需要测试，因为很明显这个克隆体到现在为止还不会发生任何事情。下一步是切换到子弹的代码窗口。在这里，你可以设置执行克隆后，子弹需要做什么。

首先，克隆体应该变为可见（很明显，因为创建后，克隆体和它的克隆原型一样是不可见的）。然后，它应该向上移动直到到达顶部。最后，它应该被删除，因为我们不会再使用这个克隆体了。

该程序具体如下所示：

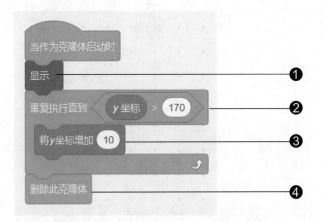

子弹的克隆体变得可见❶，然后向上移动 10 个像素❸，直到超过 170❷。这是最上方的边缘。一旦到达顶部，它将被删除❹。

现在你可以测试程序了！连续按几次空格键，子弹的克隆体将一个接一个地向上飞出来。

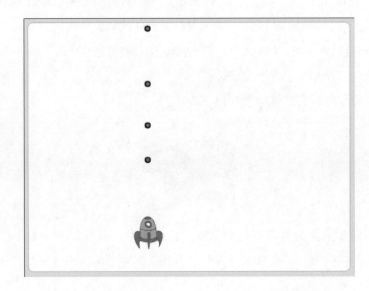

宇宙飞船发射小子弹。由于我们使用的是每次触发时都会重新创建的克隆体，因此，同时可以产生任意数量的克隆体。

棒极了！程序正常运行。

控制宇宙飞船

接下来，为宇宙飞船编写控制程序。例如，你可以使用方向键左右移动它。你已经在弹跳球游戏中学习了移动的方法（如有必要，请重新查阅"向左和向右操纵击打板"）。

切换到宇宙飞船的代码窗口，并在其中创建与击打板程序相似的代码，参阅第 10 章弹跳球游戏。

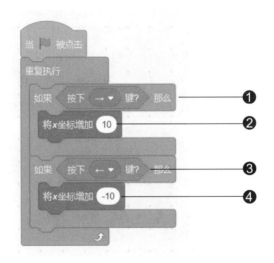

都看明白了吗？如果按下右方向键 ❶，则 x 坐标会增加 10 ❷；如果按下左方向键 ❸，则 x 坐标减去 10 ❹。在重复执行中反复查询整个内容，因此只要按下按键，宇宙飞船就可以匀速移动。

如果单击绿色旗帜，就可以立即尝试，并来回移动宇宙飞船。

但是，现在有一个问题。如果现在按空格键，将发射一枚子弹，但它总是从同一位置（从不可见的子弹的所在位置）开始，而不一定是从宇宙飞船所在的位置开始的。

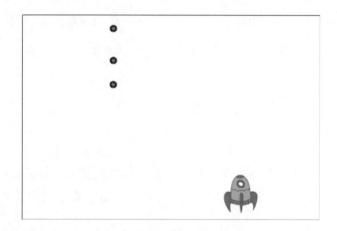

这和我们设想的不一样：子弹应从宇宙飞船中射出，而不是在宇宙飞船旁边飞行。

这种表现符合逻辑——毕竟，子弹总是在原始位置被克隆，而当宇宙飞船移动时，子弹不会移动。

有几种方法可以解决这个问题。每当宇宙飞船移动时，子弹就跟着移动——但是，这是一个有点复杂的解决方案，因为宇宙飞船每次移动时都必须广播一条消息，而子弹应当接收消息。此外，这还会产生我们不期望出现的副作用，即程序变慢。

以下解决方案更简单：每次移动时，宇宙飞船的"x 坐标"都会被重复写入变量"x 坐标"。然后，只要子弹被克隆，它就会出现在该 x 坐标位置。这意味着子弹会自动从宇宙飞船所在的位置开始。

为此，你需要先创建一个名为"x 坐标"的新变量。

新建变量 ✕

新变量名：

x 坐标

● 适用于所有角色 ○ 仅适用于当前角色

取消　确定

重要的是，此变量应适用于所有角色，否则子弹可能无法使用它。

现在扩充宇宙飞船的代码，具体如下：

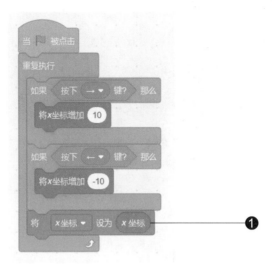

使用最后一个命令 ❶，宇宙飞船当前的 *x* 坐标会不断写入新创建的变量 "*x* 坐标"
中。现在，子弹可以使用此变量设置自己的位置。

你还可以为子弹的代码扩展一个积木，该积木将 *x* 坐标设置为变量 "*x* 坐标" 的数值：

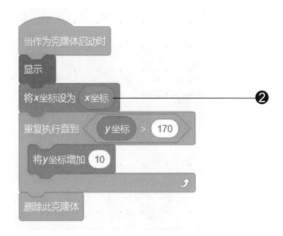

当子弹被克隆并变得可见后，克隆体的坐标将立即变为变量 "*x* 坐标" 中的 *x* 坐标
数值 ❷，也就是宇宙飞船现在所在的位置。

测试一下——现在，你将看到子弹总是从宇宙飞船中射出。

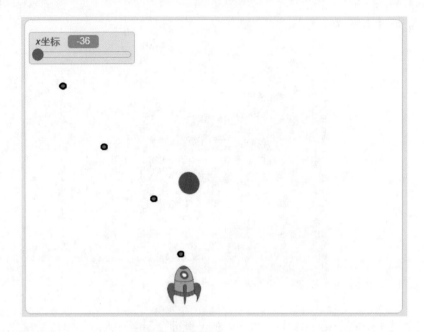

这样，你就可以在宇宙飞船移动时射击。

宇宙飞船已经制作完成。它可以移动并发射子弹。接下来，当然就是能够击中目标了。为此，我们需要提前创建一个红色圆形，现在将其正式包含在游戏中。

将红球作为目标

如果你进入球的代码窗口，你将会看到，单击后导致球爆炸的代码仍然存在。当然，这些代码你已经不再需要了。

因此，你需要更改积木：

你不再需要这个事件命令了。当你单击它时，什么也不会发生。取而代之的是，你现在必须不断询问角色是否被子弹碰到。如下更改红球的主代码：

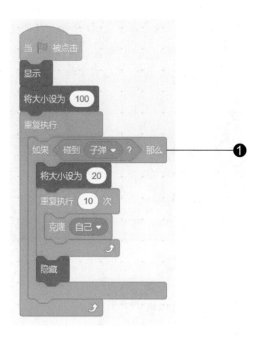

在这里,持续询问球是否碰到子弹 ❶。如果碰到,则触发爆炸。

球的其他代码积木,由克隆引起的爆炸保持不变。当然,爆炸效果也不应改变。

现在,你应该可以在单击绿色旗帜后使用空格键射击红色球了。

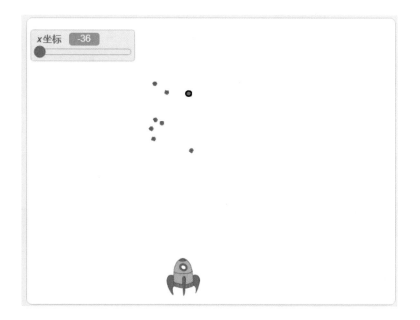

当球被击中后，球爆炸。厉害！这是太空射击游戏的基础。如此简单有效。

如果要做成真正的游戏，球必须也可以移动，否则游戏就太容易了。最好让球飞来飞去并从边缘反弹。你可以更改球的代码，具体如下：

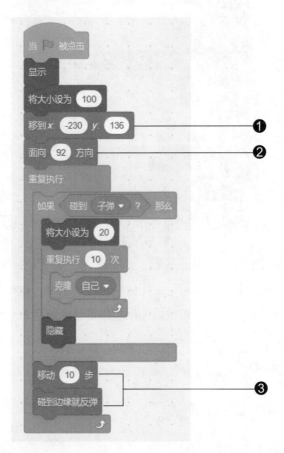

❶ 设置适当的开始位置。

❷ 设置适当的开始方向。

❸ 移动球，使其从边缘反弹。

新的设置是：球的坐标最初设置为左上角，其方向为 92 度（这使其向右并略微向下飞行），在循环中移动，然后每次移动 10 步并从边缘反弹。球一点一点地来回飞行并越来越低。

现在，你可以停用显示变量"x 坐标"。

现在，你可以再次测试游戏：球在上方来回飞行，总是会降低一点，并且可以被宇宙飞船的子弹击中。应该就是这样。

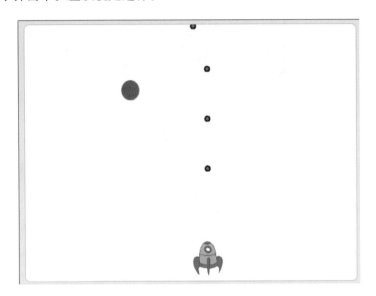

触碰后失败

现在，像往常一样，游戏需要有些难度，这样才能带来挑战：如果红球碰到宇宙飞船，玩家就输了。

该如何编程?

球的代码也必须在这里进行扩展。在球的无尽循环中，现在还必须额外检查，它是否碰到了宇宙飞船。如果碰到了，那么它就需要广播消息"失败"——正如我们从其他游戏中学到的那样。

因此，必须添加以下积木：

当然，你必须将消息"失败"创建为新消息。

最好将此积木放在无限循环的结尾。它必须仍处于循环内，因为必须一直对其进行查询，但是它必须在"如果—那么"查询之外。

如果广播消息"失败"，会发生什么？

消息最好在舞台代码中处理，因为这与通用的游戏控制有关。

切换到舞台的代码窗口，并在此创建以下积木：

现在，游戏中的所有基本框架都已经创建好了：宇宙飞船可以移动，目标可以移动，子弹可以发射，如果目标被击中，目标就会爆炸——如果目标下落到屏幕下方，并碰到宇宙飞船，游戏就会失败并结束。

制作真正的游戏

为了让游戏真正有趣，必须像往常一样再多添加一些元素。

添加声音

至少每次击打到球时需要与声音结合在一起，也许以后还可以添加更多内容。因此，当子弹击中球时，广播消息"击中"。稍后，消息会在其他代码中（例如：在舞台的代码＝游戏控制中）继续被处理。

因此，请创建一条新消息"击中"，并将其插入球是否碰到子弹的查询中。

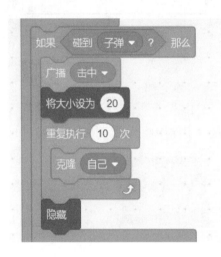

现在，你切换到舞台的代码，并在那里对"击中"消息做出反应。在舞台上添加声音（声音选项卡，你可以添加 Scratch 中包含的声音或录制自己的声音）。

添加收到消息"击中"时应播放的声音。为此，请在舞台中创建以下代码：

当然，你也可以选择其他声音。

让速度可变

如果你可以改变球的速度，那就太好了。如果以后有多个球，则其速度只需更改一次，所有球都将变慢或变快。类似于过马路的螃蟹那个游戏。

当然，你需要新建一个变量。将其命名为"速度"。

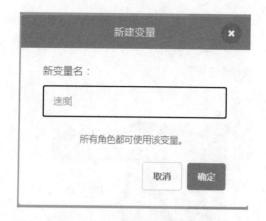

现在，你可以在球的代码中使用此变量，作为每次球向前移动的步数。

为了使"速度"不为 0，你必须在启动游戏时将此变量设置为一个数值——最好首先设置为 10。

这也将在舞台代码中再次发生。

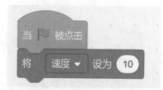

然后，球将再次按和以前一样的速度飞行。只是现在你可以随时对变量"速度"的数值进行调整。现在，变量"速度"在舞台上。

两次双击显示的变量——你可以随时使用滑块更改变量的数值。

如果你现在启动游戏,则可以在游戏过程中调节球的速度。数值为 0 时保持不动,数值越高,它会变得越来越快。测试不同的数值,直到你认为速度合适为止。然后,你可以隐藏变量,使其在舞台上不可见(移除变量类别中相应变量前的对号)。然后将舞台代码中"速度"的初始值设置为你找到的最佳数值——这样,球始终会以最佳速度开始。

创建多个球

当然,对于实际游戏而言,只有一个球还是有点无聊,并且太容易了。5 个球怎么样?

点击这个球,并单击鼠标右键〔苹果电脑上单击并同时按下(Ctrl)键〕,连续复制、粘贴四次。

> **为什么不能直接在游戏中克隆球?**
>
> 乍一听,这的确像是一个好主意,但是实际上,在游戏里无法做到这一点,因为如果克隆出它们,球的本体爆炸,它们也会立即爆炸,因为它们的代码就是这样的。此外,这样确定彼此独立的起始位置会更简单,所以这次我们使用手动复制。

将五个球均匀地排列在舞台顶部,例如:

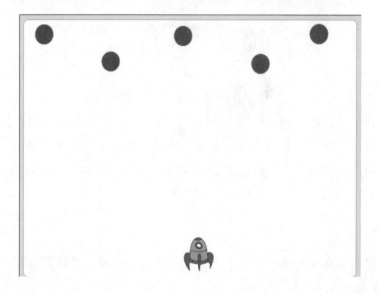

但是，我们现在还没有测试呢。目前的程序还不能运行。因为在程序开始时，每个红色球都设置在完全相同的位置，所有五个球会彼此叠在一起。这是当前编程的方式，但是我们想要的不是这样的。因此，每个球都必须在开始时处于现在被拖到的位置。

最简单的方法是什么？逐个点击所有的球。

将每个球"移到"积木中的 x 和 y 值设置为当前的 x 和 y 值，你可以在角色检查器中看到这两个数值。这样，球始终会在开始时准确位于刚才拖到的位置。

如果你愿意，还可以为球输入不同的起始方向。为了使游戏更有难度，例如：你可以为两个或三个球设置 –120 度，而不是 92 度或 120 度。可以完全按照你最喜欢的方式设计游戏。我们需要具体测试游戏，游戏不应该太容易，但是也不能困难到没人能成功完成挑战。

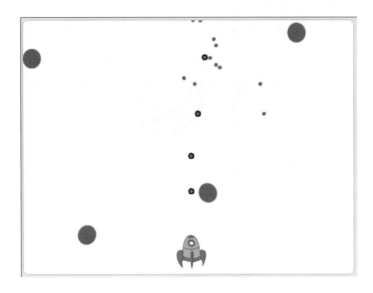

这使游戏变得很有趣!

检测何时所有的球都消失

如何赢得游戏? 当然是击中所有的球。我们的游戏要如何识别所有的球都已被击中?

请回想第 10 章和第 11 章中的弹跳球游戏。你需要一个变量,可以命名为"计数器"。开始数值设置为5,每次击中球,数值就会减少一点——如果变为0,则游戏胜利。

再次创建一个新变量,命名为"计数器"。

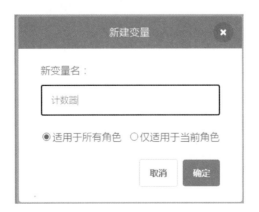

也为此变量设置初始数值。如果有五个球,就设置为5。

为此，请切换至舞台的代码，并拓展开始时设置速度的代码。

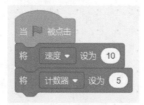

此处，也需要在开始时设置计数器，并且将数值设置为5。

每次击中球时，计数器应减少1。我们还需要在舞台代码中进行设置——就在接收到"击中"消息的位置。

现在，击中球时会播放声音，计数器数值也会减少1。

如果你现在测试游戏，就会在每次击中球后，在舞台上看到变量"计数器"的数值每次减少1。

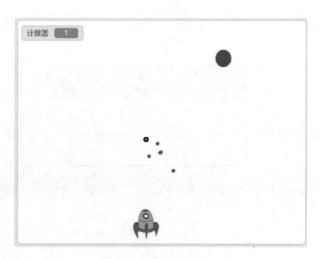

如果没有球了，则变量"计数器"的数值会变为0。

现在，你可以隐藏变量，并且不再需要在舞台上看到它。

下一步就很明确了。如果计数器中数值为 0，则需要结束游戏，并对此做出反应。最好显示消息，并播放音乐。因此，再次扩展舞台代码：

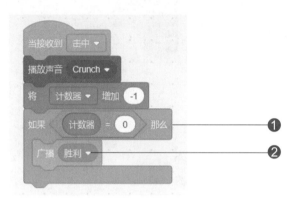

如果计数器中数值变为 0 ❶，则会广播消息"胜利" ❷。

如果发送消息"获胜"，则可能会出现"获胜"标志等，也有可能会播放一段旋律或响起一个声音。

因此，创建一个有"胜利"文字的角色。

你需要将此标志放在舞台中央。当然，游戏开始时，这个标志不可见。因此，先完成这段代码：

赢得游戏后（广播消息"胜利"），该标志出现。也许，这个标志会在声音播放后消失。

这也是一种方式。为了播放声音，可以将"舞蹈空间"（Dance Space）或者你喜欢的声音先放在角色的代码中。

为了使游戏更加美观，你现在还可以设置背景，太空的图片怎么样？

下面开始着手做吧！最后，唯一缺少的是"失败"标志。目前，当球碰到宇宙飞船时，游戏就完全停止了。在这里，你也可以播放声音、显示标志等。

因此，还要创建一个"失败"的标志。

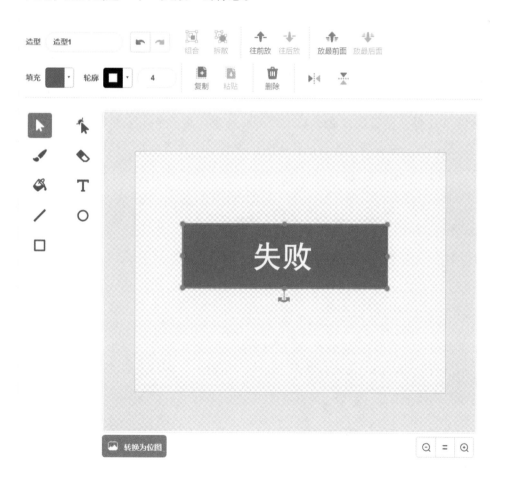

"胜利"标志的代码也或多或少适用于"失败"的标志。

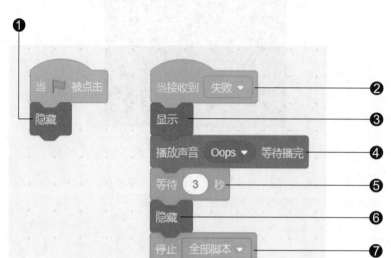

在游戏开始时，将标志设置为不可见❶，一旦接收到消息"失败"❷，就会显示❸，播放声音❹，稍等几秒❺，然后重新消失❻，最后游戏结束❼。但是，这仍然行不通。请记住，你必须在舞台的代码窗口中删除旧的"失败"代码，因为游戏会自动结束，并且无法播放声音。

一切都完美了？

不，还没有。当游戏失败时，需要出现标志并播放声音，球和子弹继续飞行。这看起来并不好，毕竟游戏应该结束了，而且这也可能导致错误——例如：即使游戏已经失败，你仍然会突然"赢得"游戏。

游戏失败后，如何让球停止移动？

如果你执行"停止全部脚本"，一切都将静止，也不能再播放声音。

因此，取而代之的是，我们将变量"速度"设置为0。然后球停止移动，保持静止。

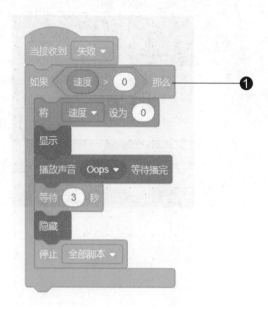

使用此命令（将"速度"设置为0）❶ 时，只要球碰到宇宙飞船，一切都会停止。

现在，一切静止不动，子弹也应该不能发射。为此，请切换到舞台代码，使用空格键更改发射子弹的代码。

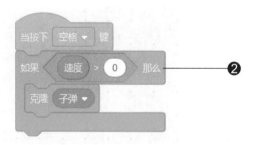

使用"如果—那么"积木 ❷ 确保仅在游戏运行时触发射击。

现在，只有速度的数值大于0时，你才可以发射子弹。如果游戏停止了，则程序不会运行。

实际上，游戏已经完成了！没有什么比玩和测试游戏更重要的了！

扩展和优化游戏

和往常一样，如何扩展和优化游戏由你自己决定。在本书中，你将学习制作每个游戏的基本版本。利用所学的知识，你现在可以进一步扩展它。

扩展创意：

- **更多球**：只要再复制几个球，游戏就会变得更加有活力。不要忘记输入新的起始位置和方向，以便它们在正确的位置开始。

- **更多声音和效果**：可以添加背景音乐，并且每一次射击都能发出声音。如果失败，宇宙飞船可能发生视觉爆炸。为此，创建一个新的造型，例如：火球，并在玩家失败后立即更换造型。不要忘记在游戏开始时始终将其设置为第一套造型。

- **游戏加速**：每次射击后，球会飞得更快一点。例如，在舞台代码中接收"击中"消息的地方将变量"速度"的数值更改为2（加快）。

- **多个级别**：当所有球都被击中后，游戏重新开始——但现在速度更快、球更多。编程稍微复杂一些，但是你现在所掌握的知识也足以应对这样的挑战。

第17章

飞龙冲关——让龙飞行

在球类游戏、迷宫游戏和太空射击游戏之后，我们来制作一款考验灵活性的游戏。同样的，还有一些重要的新技术需要学习！

我们马上就要制作一款新游戏，你可以在其中应用已经获取的知识并学习一些新知识。你知道游戏《飞翔的小鸟》（*Flappy Bird*）吗？几年前，这款游戏在手机和平板电脑上非常流行。游戏的设计意图是点击屏幕使小鸟飞高，通过巧妙的操作控制小鸟穿过移动的立柱。

> **游戏创意**
>
> 我们想要构建类似的游戏。在游戏中，我们控制飞龙而不是小鸟，但是基本创意仍然相同：通过振动翅膀，也就是按下按键，角色会向上移动一点，如果不再按下按键，则角色掉落下来，必须重新振翅才能再次飞高。立柱从右往左穿过图像移动，每对立柱之间总有可以让飞龙穿过的空隙。如果飞龙碰到立柱，则玩家失败。飞龙每经过一对立柱，就获得一分。

为此我们需要什么？

- 首先，有一个角色"飞龙"和一段代码，我们可以使用这段代码控制飞龙竖直向上飞，然后落下。
- 其次，背景中的立柱需要以特定的速度从右向左移动。
- 可选：从右向左移动并增强飞龙移动印象的背景图。

飞龙及对飞龙的控制

开始吧。创建一个新项目并删除小猫。使用项目中随附的角色飞龙（Dragon）。当然飞龙的尺寸太大了。将其大小设置为 15%——然后就可以正常使用了。

跳跃和降落

现在可以处理飞龙的运动了。飞龙应该能向上跳，然后自己下落。因此，我们需要考虑构建两种作用力，以便程序看起来在物理上是贴近现实的：飞龙使用"弹跳力"起跳，当它"跳起"时，弹跳力随着高度升高而不断减小；而其反作用力，也就是重力，会将飞龙拉回地面。

由于两个力同时相对发生作用，因此在每个步骤中都从当前的弹跳力中减去重力。这就是使飞龙可以上升的力。

如果弹跳力为 0，则由于只有重力作用，飞龙会掉下来。如果弹跳力与重力相同，则飞龙将停留在空中。但是，如果弹跳力大于重力（在每次跳跃开始时），则飞龙将稍微向上飞行，直到弹跳力再次小于重力，才会下降。

因此，首先创建我们需要的两个变量：弹跳力和重力。

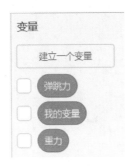

现在，我们需要为飞龙创建永久运动循环，因为当游戏运行时，力量会不断地作用在飞龙上。

因此，首先为飞龙构建以下代码：

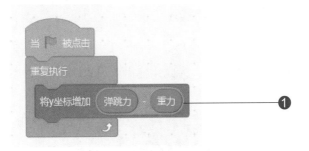

在这里，你必须使用减号运算符，以便可以从弹跳力中减去重力 ❶。

因此，不断地根据弹跳力（向上的力）减去重力（向下的力）来重新计算飞龙的垂直运动路线。现在单击绿色旗帜，将不会发生任何事情。这是因为弹跳力和重力都是 0。因此，它不会上升或下降。飞龙在空中保持静止。

如果你将力更改为一个数值，情况将会改变。双击舞台上的两个变量两次，尝试一下，更改数值时会发生什么。首先增加重力。

如果重力大于 0 且弹跳力为 0，则飞龙降至地面。

现在，增加弹跳力。一旦弹跳力大于重力，飞龙就会升起；如果弹跳力变小，则飞龙再次降低。如果两者大小相同，则飞龙会保持在某一高度不动。

飞龙符合现实的跳跃是什么样的？

弹跳力应设置为一个数值，例如15。然后，在每次重复中，弹跳力会自动减小1，以便飞龙在某个点停止后再次降低。为此，你需要设置跳跃触发器：

按下空格键可触发跳跃，通过将弹跳力设置为 15 即可完成。

现在必须更改飞龙的主要代码，以使弹跳力随着时间的推移而减少。每次重复中，弹跳力应减少 1。但注意：如果为 0，则不能继续减少，否则，弹跳力会变为负值，继而向下。所以我们需要：

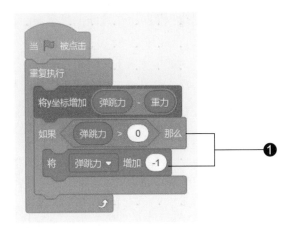

只有当弹跳力大于 0 时，才会在每次运行中减小 1❶。

现在你可以测试飞龙了。单击绿色旗帜，飞龙下沉。每当你按下空格键时，飞龙都会向上飞行，然后再次缓慢下降。这是游戏的基础。如果你觉得这样的运动还很奇怪，则可以直接更改反弹的值。

哦，还有一点视觉上的细节——你不一定要做，但是如果做出来会更酷。每当飞龙向上飞行时，它就应该展示第二个造型，其他情况则展示第一个造型。这样看起来好像飞龙在展翅飞行。通过插入两个造型切换命令来执行此操作。现在，你可以使变量隐藏。

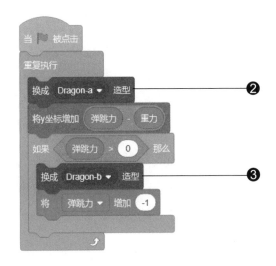

当飞龙不跳跃时，显示第一个造型 ❷，而在跳跃的过程中，出现第二个造型 ❸。

添加跳跃的声音

如果不仅能看到飞龙飞行或跳动，还能听到它的动作声音，那就再好不过了。当然，这很容易。选择飞龙，切换至声音选项卡添加合适的声音。例如："高音呼呼声"（High Whoosh）。

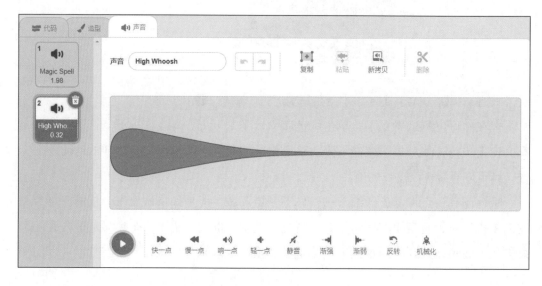

现在，按下空格键时就会播放飞龙代码中的声音。

跳跃就会触发声音。就这样。听起来不错，不是吗？

立柱移来

飞龙现在随着声音跳起来，然后再次下降。为了给人飞龙向右飞行的印象，接下来我们要让飞龙通过从右往左移动的立柱之间的间隙。首先，我们必须创建一对立柱。

1. 使用画笔创建一个新角色（绘制）：

2. 绘制一个矩形。

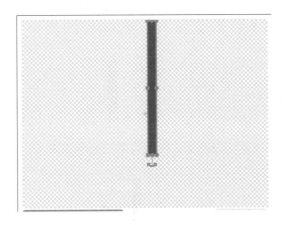

3. 向上拉动矩形。选择它，单击复制、粘贴，使矩形变为两个。

4. 向下拖动第二个矩形，以便留出一个间隙。

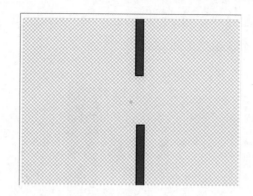

5. 现在再创建一个椭圆形（使用圆形工具）并将其放置在上方的立柱上。

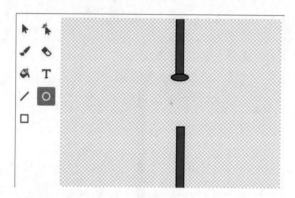

6. 像刚才提到的那样复制椭圆形，然后将第二个椭圆形放在下面的立柱上。

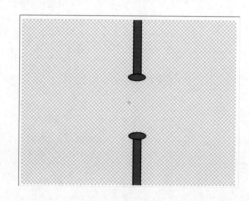

至此，我们的立柱就制作完成了。移动立柱，使两个相对的立柱之间有足够的距离。稍后，你还可以进一步调整。当然，如果需要，还可以根据自己的想法设置立柱的颜色。

立柱穿越图片移动

好的，现在你可以移动立柱了。立柱应当从右向左滑动。首先编写以下代码：

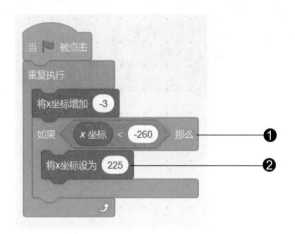

如果立柱在左边缘 ❶，它将自动跳转到右边缘 ❷。如果该立柱在左侧停止，则可能必须降低比较值（225）。

单击绿色旗帜，你已经可以尝试飞龙是否可以利落地通过间隙了。

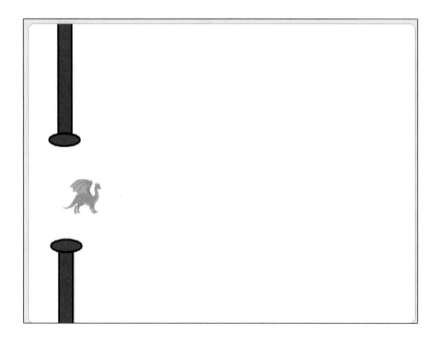

如果你感觉游戏太难了，还可以调整飞龙的跳跃高度。为此，请转到飞龙的代码，然后将弹跳力更改为较低的数值，例如 12。但也要注意，不能让游戏太简单。

当然，间隙不能总在中间。它也可以位于顶部和底部，以便为游戏提供更多挑战。最简单的方法是，每次立柱从右边缘向左移动时，将其垂直坐标设置为随机数值。为此，请将立柱尽量拖到舞台最下方，查看其 y 坐标的数值。然后将其向上拖，再重新检查 y 坐标数值。这将为 y 坐标提供随机设置的最小值和最大值。

上图此处的 y 值为 –90（请检查你自己的数值）。

| 角色 | 角色2 | x | -15 | y | 105 | 舞台 |

上图 y 值是 105（你的项目中可能是其他数值）。现在，你可以在穿过时将立柱的 y 坐标设置为两个测量值之间的一个随机数。

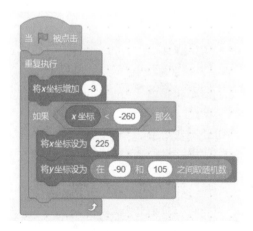

你可以再次测试。可以通过吗？

现在，你要为立柱指定开始之前的起始位置。只需将其设置为 x: 250，y: 0。然后立柱从最右边开始且间隙在中间位置。

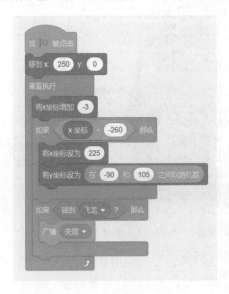

识别碰撞

与许多其他游戏一样，是时候设计对碰撞做出反应的程序了。在这个游戏中，出现的是立柱与飞龙之间的碰撞。

必须在立柱的代码中检查碰撞。你现在肯定已经知道该怎么做了。将"如果—那么"积木直接置于重复执行中。如果碰到飞龙，那么会发生什么？会广播"失败"。在这种情况下，我们将向所有角色广播一条消息，程序将接收信息并进行相应的处理。

为此，我们稍后可以处理"失败"事件。还有一件事：现在，立柱的速度设置为每轮将 x 坐标增加 –3。运行良好——但可能有足够的理由让你在游戏中更改速度（立柱可以随时间的推移越来越快）或尝试设置其他数值。

你已经有一份方案了。你需要一个变量控制立柱的速度。开始创建一个新变量"速度"。

现在，将此变量插入立柱代码的正确位置。你可以直接插入"速度"，现在这里是 –3。但是，我建议在此将"速度"设置为 0。为什么？由于立柱向左移动，必须始终使用负数值的步数。如果你用"0 速度"代替"速度"，则可以为"速度"使用正值（例如：从 1 到 10），并且该立柱仍然向左移动。

使用变量"速度"代替指定速度后，立柱的代码是上面这样的。

开始时，"速度"并不一定要设为 0，我们可以在游戏开始时将此变量设置为一个值，例如：3 或 4。这最好在舞台代码中完成——你还记得吗？有一半的游戏控制是在舞台代码中完成的。在这种情况下，你应该为重力确定数值，以便在游戏启动时正确设置。

这是舞台代码：

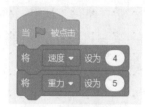

添加第二对立柱

一根立柱绝对太简单了，也太无聊了。现在必须添加第二对立柱。你可以通过复制现有的立柱轻松地创建它。

现在你有了两对立柱。为了使它们彼此间有均匀的间距，第二对立柱需要与第一对立柱的起始位置不同（否则，它们将会在开始时叠在一起）。也许可以将第二对立柱的坐标设置为 x: −20，y: 0。

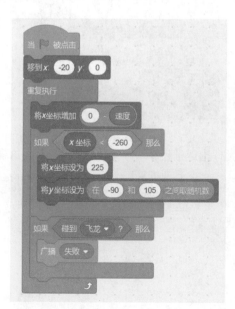

现在你可以尝试一下。距离合适吗？速度合适吗？飞龙可以通过吗？太难还是太容易？

你可以调整速度变量（在舞台代码中）或重置起始位置，直至一切正常。

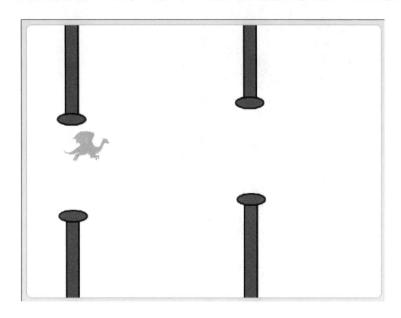

还有一件事：你可能希望第二对立柱在一开始时不出现。如果是这样，游戏开始时就会多出一些时间，以便你有更多时间在游戏开始时控制飞龙。然后只需将第二对立柱直接设置为隐藏，并且只有当其移动到右边缘时，它才变得可见。为此，请使用以下命令（见下页）更改第二对立柱的代码。

将"隐藏"命令放在开头并将一个"显示"命令插入立柱第一次重新达到右边缘的位置。开始时，立柱不可见，只有在第二次穿过时才会出现。

因此，游戏开始时会更加轻松。最初，第一对立柱设为隐藏 ❶，只有在第一次穿行时才变为可见 ❷，并保持不变。效果：第一对立柱从最右侧出来，在其出现之后，第二对立柱同样从右侧出现。

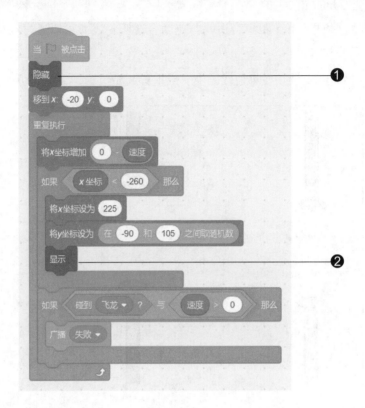

触碰后游戏结束

现在，你必须继续编程，当飞龙碰到立柱时会发生什么。消息"失败"已被发送。我们现在还需要一个响应这一消息的程序。由于这是常规游戏控制的一部分，我建议在舞台的代码区域中再次创建程序。

当飞龙碰到立柱时会发生什么?

你可以自己确定。可能有声音，游戏将停止，还可能出现标志等。

如何停止游戏?

最简单的方法是，碰到立柱时整个程序停止。舞台代码具体如下：

但是这样做有一些缺点，例如，没有音效。在游戏结束之前只播放一种声音，立柱在此过程中继续运动，并且飞龙也会继续下降。

游戏结束，而无须停止游戏

我应该如何保持游戏运行，而无须停止所有程序，同时音乐可以继续播放，并且可以重新开始游戏呢？在之前的游戏中我们遇到过这个问题。

要停止立柱的移动，将变量"速度"设置为0就足够了。然后它们以0速度移动，即立柱停止移动。

飞龙怎么办？现在，我们也可以将弹跳力和重力设置为0——然后其不再移动。但是仍然存在问题——让我们尝试一下，问题就清楚了。

将舞台代码中的变量都设置为0：

现在尝试一下。会怎样运行：当飞龙碰到立柱时，一切都停止了。声音开始播放。

声音一遍又一遍地播放。为什么？因为在无限循环中检查飞龙是否碰到立柱的查询程序仍在运行，并且飞龙在不断地触碰立柱。结果，消息"失败"一次又一次地广播，随后声音一次又一次地播放。

我们如何防止出现这种情况？

当然有不同的方式。一种方式是仅在"速度"大于 0 时，广播消息"失败"。然后，一旦图像停止，就不再广播消息，并且声音仅播放一次。

切换到第一对立柱的代码，并变更识别碰到飞龙的代码。方法为：在现有碰到飞龙的查询中插入另一个查询"速度"是否大于 0 的条件。

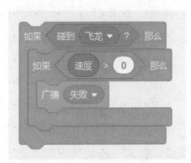

因此，你要使用两个嵌套的"如果—那么"积木。如果飞龙被碰到，"速度"大于 0，广播"失败"至所有角色。

除了相互嵌套的两个积木，你还可以同时查询两个条件，如果飞龙被碰到且"速度"大于 0。为此，你可以使用"与"连接运算，用于连接两个条件。

因此，你可以同时查询这两个条件。在立柱代码中的程序是这样的：

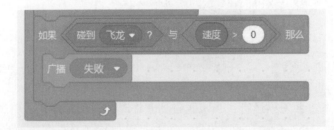

请记住，第二对立柱也必须更改，才能在游戏中运行。现在可以运行了！

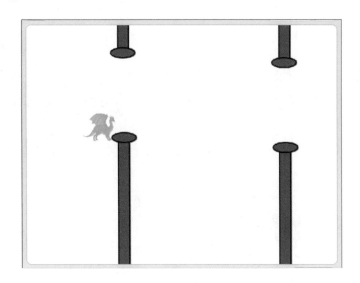

游戏输了。声音响起，一切停止！

如果你愿意，还可以解决一个外观美化方面的问题：目前的情况是如果一切停止，仍然可以按下空格键使飞龙跳跃。当然，从实际效果考虑，它不应该在停下后再动了。因此，你可以更改飞龙跳跃的代码，当"速度"大于 0 时，才进行跳跃；当静止时，不能再跳跃。

仅当"速度"大于 0 时——游戏仍在运行时，飞龙才能跳跃。你会注意到，在这个游戏中，微小细节会变得非常复杂。你真的必须考虑所有的事情。

现在再次测试游戏是否一切正常。

统计分数

如果碰到立柱，玩家就会失败。但是，如何胜利呢？当然是用分数来判断了。现在，你一定可以想到应该如何处理，是不是？首先，你需要一个名为"分数"的变量。它可以在屏幕上显示。创建后，将其拖到舞台的右上角。

什么时候得分？为了简单起见，我建议每当立柱从左边移到右边时就加一分。

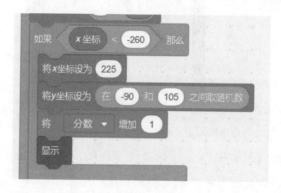

立柱的两个代码中必须使用指令"将分数增加 1"。在舞台代码中，游戏开始时的"分数"必须设置为 0。

按下按键重新启动游戏

你觉得触碰立柱静止后，通过单击按钮启动怎么样？也就是不只是通过旗帜启动？游戏不应该完全结束，而是保持静止直到重新启动。

你必须更改什么？为了能够通过命令启动游戏，你必须可以使用消息重新启动游戏。我们将此消息称为"游戏启动"。从飞龙的代码开始：使用"当接收到'游戏启动'"替换旗帜事件。

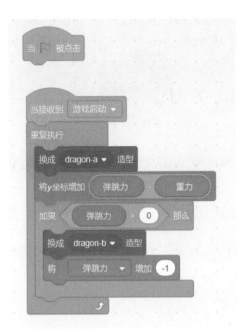

对两个立柱都执行相同的操作。第一个积木，旗帜事件，被替换为：

最后，你还可以更改以旗帜开头的舞台代码：

因此，从现在开始，游戏不再通过单击旗帜开始，而是通过代码中随时广播的消息"游戏启动"来启动。但是，从游戏一开始，仍然应该使用旗帜启动。你如何考虑？非常简单，现在，将游戏开始时的消息"游戏启动"添加到舞台代码中：

现在，一切都像以前一样：点击绿色旗帜，广播"游戏启动"的消息，然后游戏开始。

现在可以变得更有趣：创建一块标牌，当游戏失败时出现。为此，请切换到角色绘制，并在此处绘制标牌，如下所示：

将角色命名为标牌。当然，你也可以根据自己的喜好更巧妙地装饰标牌。

将其放置在舞台上。

现在，切换到标牌的代码区域。标牌必须包含三段小代码。

当然，在游戏开始时它应该不可见，因此最初将其设置为隐藏 ❶。它仅在玩家失败时显示 ❷。如果单击它，应重新启动游戏 ❸。所有这些机制都只能通过广播发送和接收消息起作用。这样是不是棒极了？

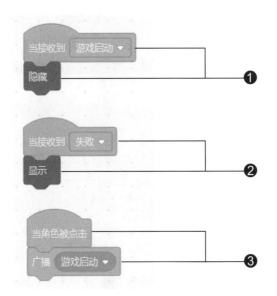

视觉改进

实际上，现在游戏已经做好了。只需要增加一些改进外观的扩展命令。使用蓝色的天空作为背景，再放上几朵缓慢运动的云朵就能变得更真实。

蓝色天空

这很简单：选择舞台，切换到舞台选项卡，然后选择蓝色天空 2（Blue Sky 2）作为背景。

现在还需要云朵。为此，你需要创建一朵云作为角色，然后使其沿天空缓慢移动。如果到达最左边，它将再次移到右边。接着复制云朵就完成啦。

选择云朵（Cloud）作为角色。以下是一段你可以为云朵编写的代码，其中已经包含一些额外的功能：

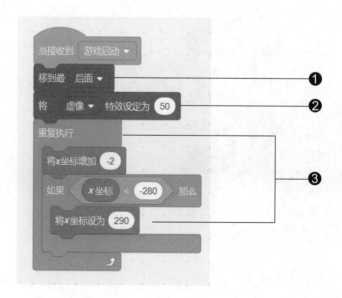

首先，将云朵放置在最底层，使它不遮挡其他角色❶。然后，将其设置为半透明❷，这样看起来更真实一些。

现在云朵缓慢向左移动，每次达到左侧边缘，就会再次出现在最右侧❸。下面测试云朵效果，你满意吗？

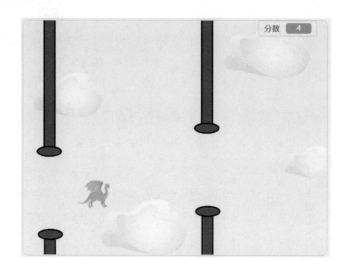

如果已经满意了，你可以复制云朵，然后将其均匀分布在图片上。你还可以给云朵设置不同的大小。（请注意，较小的云朵可能需要为左侧边缘设置不同的数值，否则将会挂在左侧。尝试使用数值 –270 或 –260。）

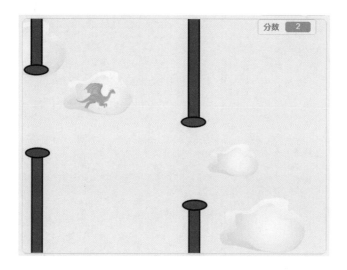

现在，这已经成为一款真正的游戏了！再次详细测试一下游戏是否一切正常，祝你玩得开心！

扩展和优化游戏

当然，这款游戏也并非已经完全完成。你可以根据自己的创意拓展这款以及以前制作的游戏，并使其符合你的期望和想法。

扩展创意：

■ 更多立柱：多次复制立柱，游戏会变得更有难度。

■ 更多声音和效果：添加背景音乐、开始和结束时的旋律，也许程序还会说出提示说明和你的得分。

■ 游戏加速：你可以在立柱每次完成一轮移动后使立柱移动得稍快一些。为此，增加变量"速度"，也许只是增加0.2左右。这将使游戏的难度不断增加，直至无法成功过关为止。

■ 多条生命：为飞龙设置3条生命。为此，你需要"生命"变量，并从游戏一开始将其设置为3。在每次碰撞之后，飞龙就会减少1条生命。当"生命"为0时，游戏结束。

第18章

视频侦测：　使用手势控制游戏

> 在以前的游戏中，你必须了解如何使用鼠标和键盘进行控制。你是否知道还有特别厉害的第三种选择？使用你的手掌在空中的动作控制一款游戏！

Scratch 中有一些非常酷的特性。你现在将了解其中之一。你需要一台带有内置摄像头的笔记本电脑，大多数笔记本电脑具备这个功能。连接了网络摄像头的台式计算机或者平板电脑也具备这个功能。Scratch 不仅可以对键盘或鼠标做出反应，还可以接收摄像头侦测到的动作。让我们尝试一下。

"视频侦测"扩展

创建一个新项目。把小猫留在舞台上。为了能够在 Scratch 中评估视频信号，你必须激活一个扩展。过程和往常一样，非常容易。

1. 单击左下角的图标，选择扩展。

2. 选择扩展选项"视频侦测"，然后单击它。

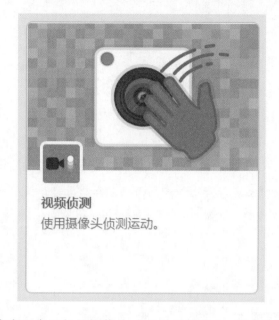

视频侦测

使用摄像头侦测运动。

如果你的设备中有正常运行的摄像头（这是必需的），那么几秒钟后，你应该可以在舞台上看到自己的半透明图像，也就是网络摄像头拍摄的图像。

那么这意味着什么呢？为什么你会在舞台上看到摄像头拍摄的自己？有什么用吗？你可以使用四个新命令：

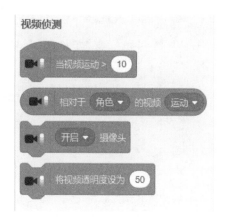

最重要的是最上方的命令：当视频运动超过一个特定数值时，事件被触发。

什么是视频运动？

想得到答案的话，你自己就得立即尝试。给小猫编写以下代码：

现在，将手慢慢移到小猫的上方，如果什么也没发生，则可能需要快一些。

手在小猫身上移动达到一定速度后，小猫就开始喵喵叫。

当你用手抚摸小猫时，小猫就喵喵叫！这真的很酷，不是吗？你可以通过手部动作来实现对程序的控制！

尽管使用视频运动的数值进行尝试与体验吧。尝试 10、20、30、40 等。摇动手掌，测试哪一个是能让小猫既不会连续叫，也不会完全保持沉默的数值。该数值因设备亮度和摄像头类型不同均有所不同。

也许你能想到一款可以用这个功能制作的游戏。如果没有，那么我建议你制作一款非常简单的小游戏。

> **!**
>
> 游戏创意：
>
> 小猫不断出现在屏幕上的随机位置，每次出现一秒钟。你的任务是，在它离开前迅速用挥手动作触摸它。每摸到一次，便获得一分。屏幕上时不时会出现一条狗。如果你摸到狗，则游戏失败。

你首先需要一个分数变量。因此，在变量区域中创建一个新变量并将其命名为"分数"。在舞台的代码区域中，它最初设置的数值为 0。

现在，小猫获得了自己的代码：一开始时，它并不可见，根据命令（创建一条新消息"显示小猫"），它会随机出现一秒钟，然后消失并开始下一回合。

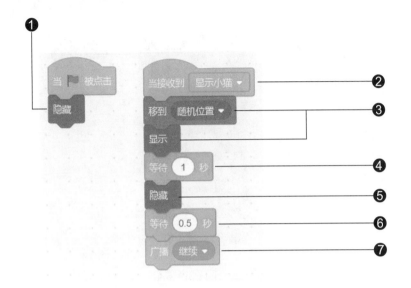

游戏一开始，小猫是不可见的❶。当它收到消息"显示小猫"时❷，它会跳转到一个随机位置并显示❸，然后在此处停留 1 秒❹，并重新隐藏❺。再过 0.5 秒❻，广播消息"继续"❼——此消息稍后会在舞台代码中处理。

另外，小猫的代码中还必须检查手是否在小猫身上挥动，当然这仅在小猫可见时才会需要。如果在小猫出现时，手在小猫身上挥动，则分数加 1 并发出喵声。然后，小猫必须立即消失，否则代码将一次又一次地被触发。

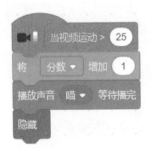

作为视频运动的数值，最好输入你先前测试好的、效果良好的数值。

现在，轮到狗了。创建一个狗的角色，并将小猫的代码复制到其中（操作方法：请参见"如何将代码从一个角色复制到另一个角色？"）。狗收到消息后也应短暂出现，然后再次消失。这两个代码几乎与小猫的完全相同，只是代码以"显示狗"启动❶。

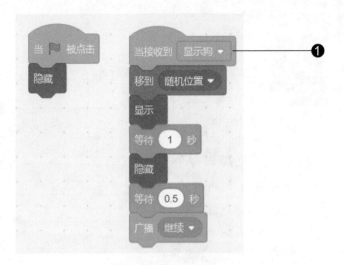

不同的是，如果狗被手碰到，它应该"吠叫"（Dog1）并停止程序。你必须更改第三个代码：

角色的其他代码在此处停止。这样可以防止狗再次消失并呼叫下一个角色。现在进行游戏控制。

如果广播消息"继续"会发生什么？

要么小猫出现在随机位置，停留 1 秒，要么狗出现。狗的出现频率应该降低，但是你不应该事先知道接下来出现的是小猫还是狗。

这是一个有关随机决策的良好示例。让 Scratch 简单"掷骰子"：如果掷出 6，则狗出现，否则（掷出 1、2、3、4、5 时）小猫出现。狗平均每 6 次出现一次。有时可能会多一些——但是人们永远不会知道狗何时出现。

和往常一样，游戏控制应当写入舞台代码。完整的程序为：

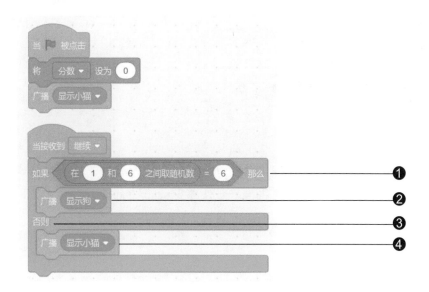

如你所见，此处需要使用"如果—那么—否则"循环。我们没有经常使用它，但是在这里，它确实很有意义。如果掷出 6 ❶，则狗出现 ❷，其他任何情况 ❸ 中都是启动小猫的程序 ❹。

现在你可以玩游戏了。调整数值（视频运动、暂停时长、显示时长），直到游戏可以正常玩为止。

如果你有新的扩展、改进、更改或改造游戏的创意，那么尽管做吧！带有视频侦测的游戏创意非常特别！

第19章

使用音效和音乐工作

现在，你已经编写了一些真正的游戏。为了能获得更好的体验，我们希望再次好好处理 Scratch 中的音效和音乐，因为在该领域也有很多工作要做。

我们可以使用音效做些什么？音效在程序和游戏中非常重要。Scratch 中可以使用四种声音：

- 音效

  一方面，声音可以添加到动作中，因此当玩家选择跳跃、射击、击打时，角色会相应产生"噗""砰""啵嘤"等音效……这些音效可以使游戏更加活泼有趣，玩家不仅可以看到，还能听到发生了什么。

- 背景音乐

  音乐可以是起始旋律，也可以是贯穿整个游戏的背景音乐，还可以是在某些事件中的短暂军乐声。你可以播放一次音乐，也可以使其连续播放。Scratch 素材库中有大量你可以使用、演奏和彼此组合的乐器声音、旋律，甚至是不同乐器演奏的乐曲。你可以随时将多段音轨彼此叠加，从而创造出很棒的混音。

- 语音

  当然，你也可以让 Scratch 说话。因此，你只需要自己录制游戏的说明或简介，并在游戏开始时播放，甚至可以编写一个由游戏中的讲述者说出的互动故事。此外，正如我们在本书开始时所了解的那样，你可以使用扩展中的文字朗读功能，用于将任意文本输出为计算机说出的语音。

■ 乐器音乐

Scratch 还有可以轻松激活的扩展乐器。这些是可以选择的内置小型乐器，使用这些乐器，你可以通过命令弹奏出 C（Do）、D（Re）、E（Mi）或某些打击乐器（低音鼓、军鼓）的音符。你可以设置乐器、音高和长度。因此，你只需要使用代码制作出打击乐节奏或编写程序制作出旋律以及和声。这很有趣，并且带来了非常特殊的游戏体验！

录制和使用自己的声音

首先，进行一个非常简单的练习：单击 Scratch 中的小猫，让它以你的声音说话。你需要自己录制声音，然后才能在代码中使用。很简单，你只需要在计算机上安装麦克风（笔记本电脑通常内置麦克风，台式计算机需要外接一个麦克风，并选为默认录音设备）。

1. 开始一个新的 Scratch 项目，选择小猫，然后前往声音。你已经可以在其中找到"喵"（Miau）的声音了。现在可以添加自己的声音。

2. 单击"随机"下的小麦克风图标。录制一个新的声音。

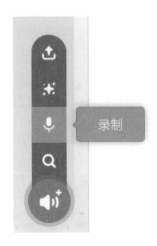

3. 请单击红色的录制按钮开始录音，对着麦克风说一些话（例如"你好"），然后再次单击录制按键结束录音。

4. 然后，你可以用红线设置录制声音的起点和终点，并保存录制的声音。

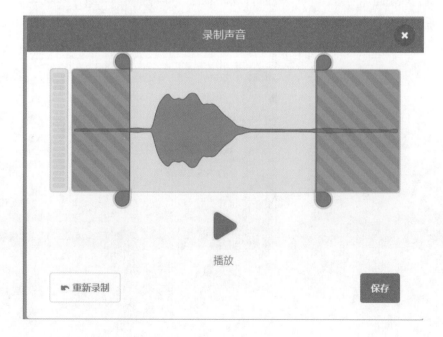

现在，你可以命名保存的录音，并根据需要继续进行编辑。使用这些工具，你可以使录音变得更快、更慢、更强、更轻，也可以将录音倒转或添加回声，或者使录音听起来像机器人的声音。

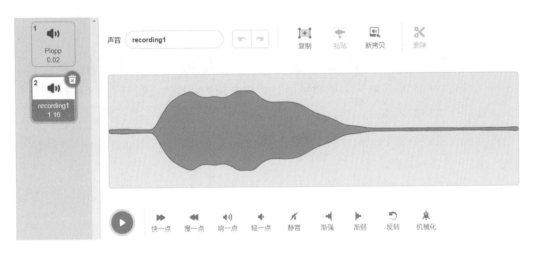

如果你觉得满意，那么你的新声音就完成，并且可以随时在代码中使用了。

现在，你所要做的就是为播放这个声音的小猫写一段代码。这很简单。比如：单击小猫后，应该播放新的声音"你好"。切换到代码项目，并组合出代码。

你有自己的创意吗？

你可以创建按键，每个按键都播放一段有趣的谚语或句子，并由此组成一个故事。或者，你可以制作动物或自己的角色，并发出自己制作的声音。

或者，你直接录制自己的声音，然后将它们作为音效添加到你的游戏中。可能性是无限的。

现在，每次单击小猫时，它都会说出你之前录制的内容。由此，你可以做出不少东西呢。

自制音乐键盘

使用 Scratch，你不仅可以播放预制或自行录制的声音，还可以制作真正的音乐。Scratch 中有 21 种内置乐器，你可以使用它们演奏任何音调；此外还有 18 种打击乐声音。由此，你可以演奏真正的旋律。

如何创建自己的音乐键盘来演奏所有乐器呢？这并不难。创建一个 Scratch 项目并删除小猫。

1. 对于乐器，我们首先需要一个带有当前乐器编号的变量。这样更实用，便于以后轻松更换乐器。不需要更改代码。命名新变量"乐器编号"。

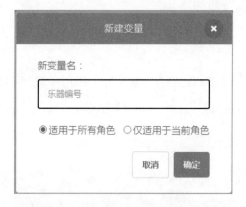

2. 如果双击舞台上的变量，你将获得实用的滑块，以后你可以轻松使用该滑块来选择乐器。

3. 现在处理音乐键盘按键。首先，你需要创建一个白色按键。绘制一个角色：

你的第一个按键可能看起来就像是一个白色背景色和黑色边缘的形状。

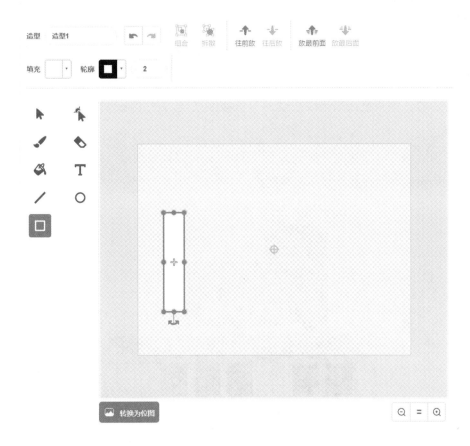

现在添加一段简单的代码：按键应该会播放一个声音。播放声音之前，必须选择播放乐器。否则，默认发出钢琴的声音。

4. 选择按键，并编写以下代码：

作为乐器，你可以设置新变量"乐器编号"。然后，你可以随时使用舞台顶部的滑块选择乐器。

5. 单击该按键时，将演奏音符 60。这是 C（Do）。

尝试一下。调整1～21的乐器——只要按下按键，每次就会响起一种不同的乐器，并且播放C（Do）。

6. 下一步：将角色命名为"按键1"，并复制按键。将其拖动至舞台上第一个按键旁边。

7. 更改代码，以便在此处播放 D 音（62）。你可以轻松选择与琴键相匹配的音色，因为设置时会在此处显示钢琴键盘。

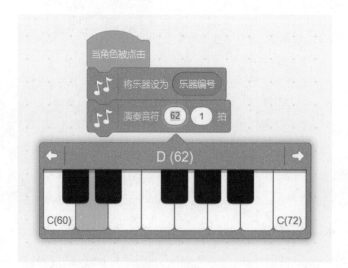

8. 重复执行六次相同的操作，每次在代码中选择较高音色的白色按键。

最后，你会看到一个带有白色按键的钢琴键盘，看起来像这样：

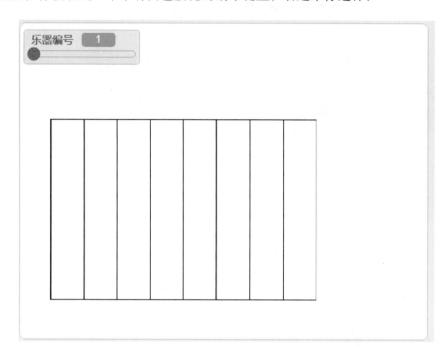

如果正确设置了所有音，那么我们现在可以在琴键上弹奏《小星星》等简单的乐曲了。为了进行测试，最好将舞台设为全屏，这样在演奏过程中才不会发生音乐键盘显示不全的情况。

顺便说一下，你可以设置滑块的数值范围。只有 1 到 21 的乐器——也就是滑块的范围应设置为 1 至 21。

单击鼠标右键［苹果电脑将使用（Ctrl）＋单击］改变滑块的范围。

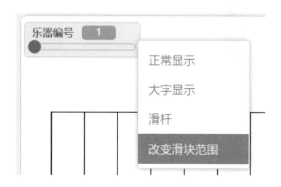

最小值为 1，最大值为 21。现在，音乐键盘还缺少黑键。我们需要五个。

1. 复制一个白键，然后在编辑器中编辑造型，使其变小并填充黑色。

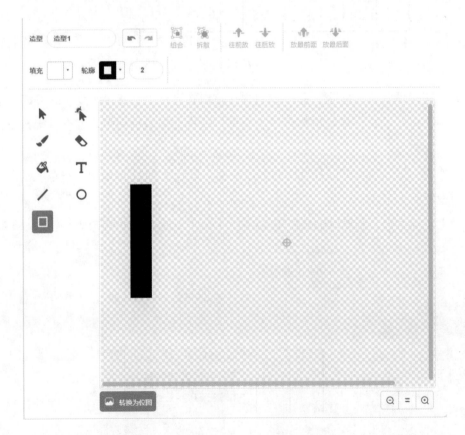

2. 现在更改代码，以便演奏第一个黑色按键（C#）。

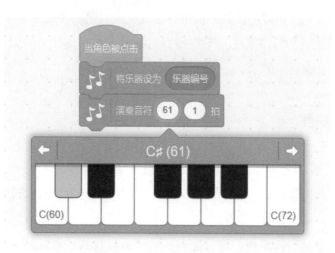

3. 现在，重复四次此过程制作其他黑色按键。将黑色按键准确地放置在真正音乐键盘的黑键位置上。

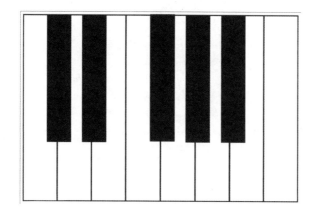

4. 不要忘记给代码中的每个黑键指定正确的音高。完成此操作后，你的音乐键盘已准备就绪——你可以用它弹奏很多旋律。这里共有 21 种可选择的乐器。建议始终以全屏模式进行测试。

当然，你也可以进一步扩展该项目。例如，可以添加更多按键来演奏更高或更低的音，还可以使用适合琴键的漂亮背景，在其中放入琴键。如果你想在演奏时被按下的按键亮起来，就需要为按键设置一种被按下时的造型（并在播放后重置）。

你可以创建用于选择特定乐器的按钮，由此实现自己的想法。

你还可以创建一个只需要按一下按键即可播放的鼓节奏，并可以同时演奏旋律。如何制作，你马上就会知道了。

为旋律和节奏编程

使用 Scratch 可以制作自己独特的、由代码演奏的音乐。多个音调或鼓音可以同时播放，以产生和声与节奏。现在，你可以在以下代码中尝试使用此方法。

1. 创建一个新项目。删除小猫。

2. 前往代码中的事件模块，然后拖动积木"当接收到'消息 1'"进入代码窗口。在此处创建一个新消息，即"旋律 1"。

3. 现在，在此事件下建立第一段旋律。这部分必须针对逐个音符进行编程。只需要仿制此旋律即可：

4. 如果单击代码，你会听到旋律。C（Do）、A（La）、F（Fa）、G（Sci）很简单——这是我们的基本结构。

5. 现在，制作第二段稍后可以同时演奏的旋律。创建一条消息"旋律2"，并按如下所示创建代码（你可以完整复制第一个代码并调整数值）：

6. 你也可以通过单击代码收听旋律。为了同时听到两种旋律，你需要一个代码同时启动它们。

你可以使用旗帜启动代码，也可以创建一个启动按钮来启动代码。

我们现在有两个演奏旋律的积木，和一段同时启动两段旋律的播放控制积木。单击旗帜，你将听到分为两个声部的旋律。

棒极了。现在，我们再添加另外一段更快速且有更多音符的旋律，使乐曲更加有趣。

7. 创建事件"旋律3"，并在此重新创建旋律，具体内容如下所示。如果你有自己的音乐创意，当然可以根据你的想象使用其他声音。

8. 最后一部分是添加打击乐器的声音。一段简单的节奏：

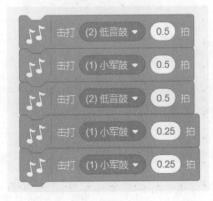

9. 由于节奏在此处重复，因此我们可以在此处重复执行两次。

10. 为了同时听到所有的内容，你可以点击旗帜启动。

如果数值全部正确，合奏听起来会很酷。

为了制作出真正完整的乐曲，必须将各个音轨进行改编，这意味着我们的播放代码必须确定在何时播放哪个声部。

可以按照下面的图示进行尝试。当然，你也可以根据自己的想法进行更改。使用第二块积木，你可以随时改编乐器。乐曲的声音效果会因此产生巨大的改变。

所有消息连续广播——只有在"广播……并等待"代码中，需要等待，直至当前旋律播放完毕，然后继续进行。

单击旗帜，并享受音乐。然后，你可以使用 Scratch 为自己的音乐编程！或者，制作一台节奏机怎么样？

第20章

障碍跑： 小猫克服每个障碍

完成突破游戏、射击游戏、迷宫游戏、躲避游戏，以及音乐和数字游戏之后，我们还要介绍一个重要类型：跳跃与奔跑游戏。在本书的最后一个游戏项目中，小猫需要到处跑动，跳上平台并能够躲避有难度的障碍。

游戏创意

小猫在有绿草地的风景中移动。它可以左右移动，还能跳跃。从右往左，游戏中会不断出现各种各样的障碍，主角必须通过跳跃躲避。小猫在绿色区域中可以跳跃，且不能触碰遇到的红色物体或区域，否则游戏结束。

乍一听，这挺简单的，但是这个游戏中包含了很多东西。你最好自己在这里创建出基本版本，以后随时可以通过新创意或自己设计的障碍进行游戏拓展。

创建一个新项目。将小猫的大小设置为 50% 后马上开始。

背景

背景非常简单，绿色的草坪和浅蓝色的天空。因为我们要在这个游戏中测试某些颜色的触碰，所以重要的是，你必须始终准确使用绿色，稍后使用红色。因为你的角色（小猫）在绿色中可以移动，一旦碰到红色，游戏便会结束。因为必须不断测试小猫是否与这些颜色接触，所以必须始终使用绝对相同的颜色值。

在背景编辑器中，使用两个矩形创建一个非常简单的背景图，天空为浅蓝色，草坪为绿色。

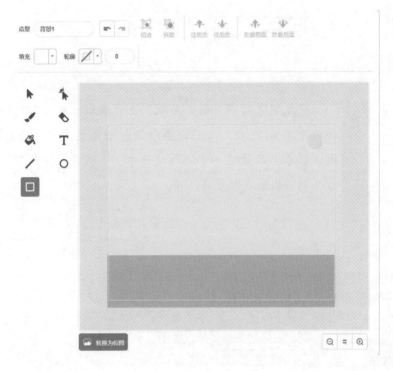

天空可以是任何浅蓝色，但草坪必须为准确的绿色。单击填充色并使用滑块设置以下值：

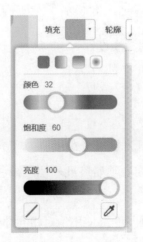

颜色：32，饱和度：60，亮度：100。

现在，始终将这种绿色用于所有绿色的游戏对象。如果你需要，可以在右上角添加一个黄色的太阳作为装饰，或者使用云朵作为装饰——随你喜欢。

小猫跑跳

首先，我们要考虑小猫如何运动。使用右方向键，小猫应当可以向右移动；使用左方向键，向左移动。为了看起来正常，小猫还应该向右或向左翻转。

请记住，小猫的旋转类型必须设置为左右翻转，以保证其在向左旋转时不会倒立。将像你已经了解过许多次的那样，程序会这样运行：在重复执行中，反复询问是否按下了方向键——相应地，按下方向键时，小猫向左或向右移动 5 步。

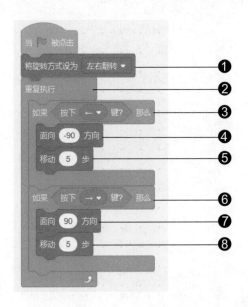

旋转类型设置为"左右翻转"❶，然后不断询问❷。如果按下"左方向键"❸，则小猫向左转❹并走出5步❺。当按下"右方向键"时❻，它会变为向右转❼，并且走5步❽。

单击旗帜，测试如果按下箭头，小猫是否可以利落地左右移动。确保小猫在绿色地面上移动。

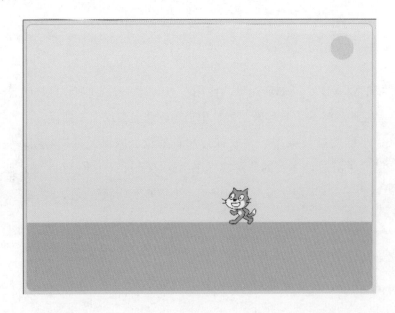

小猫学习上跳和下落

现在小猫需要跳跃。这就有点复杂了。一个非常简单的跳跃可以使小猫向上移动越过物体，然后再次落到远处。在我们的游戏中，小猫跳跃时应当以一定的速度向上移动，然后再次掉下，直到到达绿色地面时才停止。

正如飞龙冲关游戏（参见第 17 章），为了进行跳跃，我们需要考虑两个力：弹跳力使小猫向上运动，而重力反向起作用，将小猫向下拉。

让我们从重力开始：只要小猫未触碰绿色区域，它就会在每一次循环中自动掉落得越来越快。它一接触绿色区域，便站立在地面上并停止下落。

我们首先需要的是一个新变量，用于告诉我们小猫在上下移动时需要使用怎样的垂直速度。创建此变量并将其命名为"y 速度"，也就是小猫的 y 速度。

如果"y 速度"小于 0（负值），则小猫下落，如果该数值为正值（在跳跃时），则小猫跳起。当小猫接触绿色地面时，它会站在地面上，并且不会向上或向下移动。

现在，开始构建重力拓展代码。在代码开头，将变量"y 速度"起始值设置为 0。在循环开始时，每次将其减少 1，在循环结束时，小猫的 y 值将按照"y 速度"变更。如果"y 速度"小于 0，则小猫会下落。

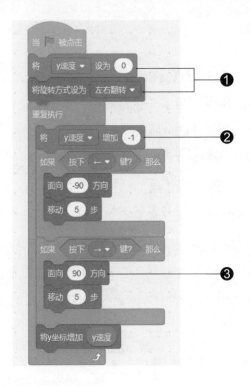

❶ 设置预设值。

❷ 增加负向的下落速度（减 1）。

❸ 更改垂直方向坐标。

现在进行测试。将舞台上的小猫向上拖，并单击绿色标志。会发生什么？小猫降落到下边缘。

但是，它应该停在绿色区域中。我们要设置下面的内容。我们需要为此设置颜色查询：

如果碰到绿色，则应将 "y 速度"（也就是下降速度）设置为 0——小猫不会向上或向下移动，而会停下来。现在，为了使查询的绿色匹配，单击查询积木中的颜色。

设置与草坪的绿色完全相同的数值（颜色、饱和度、亮度分别为 32、60、100）。你也可以单击颜色字段下的滴管图标，然后单击舞台上的草坪，这将自动提取草坪的绿色。

现在，将此查询插入小猫的代码中。

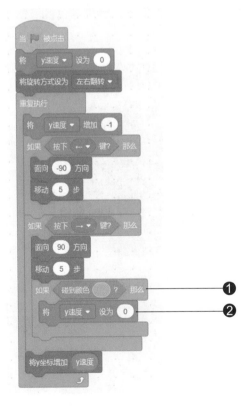

如果现在在舞台上将猫向上拉，然后单击绿色标志，则小猫只会掉到绿色草坪上 ❶，并停在那里 ❷。快看看能否正常运转！

现在小猫可以跳起来了。我们的准备工作，使这变得非常容易。如果按下空格键，小猫应该跳起来。你只需要将"y 速度"设置为相对较高的数值，我建议可以设置为 13。其余部分自动进行，因为重力会再次自动增加，当小猫在空中时，垂直速度减小，并且在短时间后再次下落。

因此，我们需要设置一条查询，用于设置按下空格键时的弹跳力（例如 13）：

这条查询应该在哪里使用？最好在是否触碰绿色区域的查询中，因为只有当小猫站立以及不在空中时，它才能跳跃。

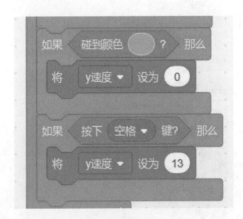

在此处为带有跳跃命令的空格键设置查询。

现在，你可以再次进行测试：小猫是否可以左右跑动，并可以进行漂亮的跳跃——近距离跳和远距离跳！

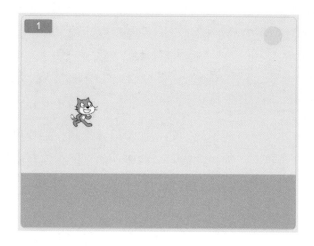

耶！小猫跳了！

如有需要，你现在可以在舞台上简单绘制两个绿色的条形图案。然后，小猫可以在它们之间来回跳动，你不需要更改代码就可以查看所有功能的美观程度。一切都已经准备就绪。

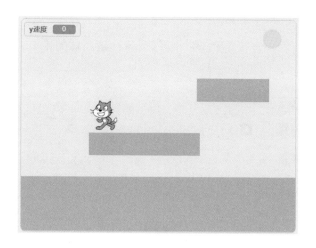

➕ 拓展游戏的创意

在此基础上，你已经可以创建带有不同绿色平台的完整小游戏了。如果你要创建几个有不同平台的背景，这些平台会在小猫走到边缘时立即切换。还可以收集一些物品，制作一些小猫在路上必须避开的对手，这也是一些不错的创意！你完全可以自由创建这样的游戏。你所需要的只是一个角色，该角色具有执行显示的代码，以及一个带有多个绿色区域的舞台。实际上，你可以利用目前为止所学的知识来制作，你只需要一些想象力。

我们的游戏应该在这里有些不同。如果你希望继续制作游戏项目，现在需要从背景中删除两个小的绿色平台。你在这里不再需要它们，因为现在添加的所有元素都不是背景，而是角色。

障碍在图中移动

现在，小猫必须避免碰到障碍。障碍是红色的球，在小猫碰到红球时，游戏就会失败。小猫可以跳上去的平台是绿色的。你也可以将两者结合起来。在此过程中，正确的颜色很重要，因为我们将使用颜色查询来检查碰撞。

让我们从一个简单的红球开始。

1. 创建一个新角色，直接绘制一个红色圆球，该圆球的中心应尽可能精确地位于图片中间。

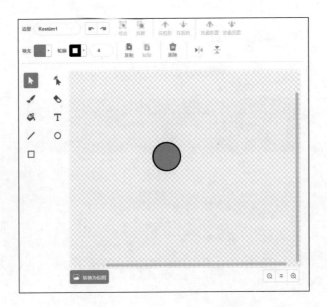

在这里，圆球的填充颜色再次变得很重要，因为需要通过颜色查询碰撞。

2. 将圆球的颜色设置为：0，饱和度：60，亮度：100。

3. 将角色命名为"障碍 1"，并将其一半放在舞台上的绿色区域中。

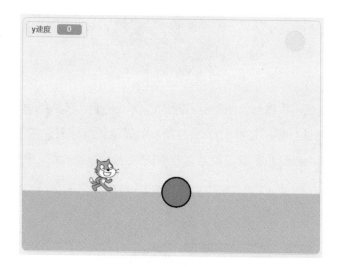

小猫现在可以跑动，而触碰红球时，什么都没有发生。然后，我们必须编程使游戏在小猫触碰红球时结束。

4. 我们将其插入小猫的代码中，直到最后：

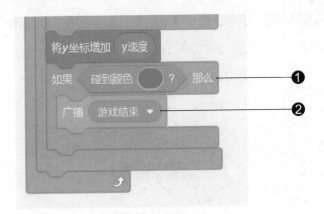

如果碰到红色❶，请广播消息"游戏结束"❷。

你必须注意一件事：检查的颜色必须与球的红色完全相同。

此外，你必须创建一条新消息"游戏结束"。在此位置广播消息，并且在舞台的代码（也就是大部分游戏控制代码所在的位置）中接收。

5. 首先，在舞台代码中创建以下内容：

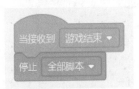

现在，我们测试一次就够：当碰到红色时，游戏停止，然后结束。

现在你可以测试：将小猫移到红球上方。小猫碰到红球时，游戏立即结束。如果不是，请再次仔细检查红色的颜色值是否与球的颜色值完全一致。这个很重要！

好吧，如果可以的话，现在所有红色的东西都会自动成为小猫的对手。

现在，障碍不能只是简单地立在舞台上，而要迎着小猫移动，这样才能使小猫通过熟练的跳跃避开它们。

现在，我们将创建多种不同的障碍，而障碍将相继靠近小猫。每个障碍应该在开始时处于右边缘，并且为可见的，然后以指定的速度在循环中向左移动，在左边缘变为不可见，并调用下一个障碍。

让我们从速度开始。为此，请创建一个名为"x速度"的变量。这是障碍从右向左移动的速度。随着游戏的进行，数值可以变得更高。

在游戏开始时，障碍应该是不可见的。因此，我们为其编写一小段代码：

如果障碍是通过自身的消息调用的，那么：

- 显示，变得可见。
- 从最右边开始。
- 按照"x速度"向左移动。

当到达左边缘时：

- 隐藏，变得不可见。
- 用消息调用下一个障碍。
- 其代码停止。

下面让我们开始吧：

使用消息调用"障碍 1"时，障碍开始运行。其从最右侧向左侧移动，同时变得可见，并在循环中持续向左运行，直至几乎离开图片。

障碍从图片中离开时的 x 坐标取决于对象的宽度。你必须找出每个障碍的位置。在此示例中，我们将红球拖曳到舞台的最左侧，查看其 x 坐标。添加大约 10，然后就能获得大概的 x 坐标，你还必须检查一下。在这里，最左侧的坐标约为 –250，因此输入 –240，则应该匹配。

最后，将发送消息"障碍 2"（你也必须创建此消息）。然后以此调用下一个障碍。

测试尚无法进行，因为还少一些内容。障碍的"x 速度"必须从开始时就设置为一个数值，否则障碍不会移动。最好的方法是在游戏控制中设置，也就是在舞台代码中：

–5 是一个不错的起始数值。

为了使障碍出现并移动，必须在开始时接收到消息"障碍 1"。

等待命令，也应该在游戏控制中出现。也许会等待几秒钟，这样玩家在障碍出现前会有一点时间。

我们在游戏控制中扩展代码：

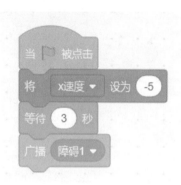

好的，用于测试，这就够了。试试看！

当障碍移动过去时，不再有新的障碍出现。为什么？当然是因为在收到"障碍 2"消息时，没有其他障碍启动。

我们现在改变它。通过复制第一个障碍来创建其他障碍。

下一个障碍由两个稍微分开的球组成。最简单的方法是，在造型编辑器中选择现有的球，然后复制和粘贴。这样，这两个球的颜色就匹配了。

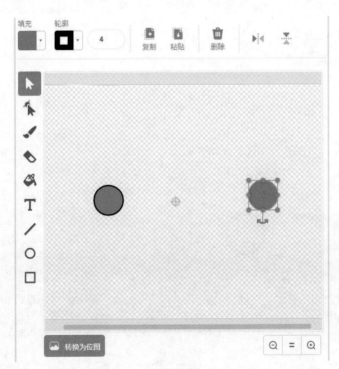

在代码中，你需要更改为以下内容：

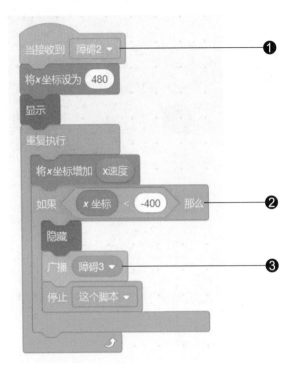

❶ 现在"障碍 2"必须出现在这里。

❷ 最左边的位置需要调整。

❸ 现在"障碍 3"被调用，需要创建新消息。

为了找出正确的末端位置，使角色暂时可见，将角色拉到舞台的左侧直至几乎看不到，然后记住 x 坐标。x 坐标值加 10，并将结果登记在查询中。

现在，你可以根据需要创建更多此类障碍。对我们而言，下一个障碍应该是绿色平台。这会很有趣，因为小猫必须跳上平台。

再次复制障碍，并切换到造型编辑器：在两个球之间画一个绿色条形。

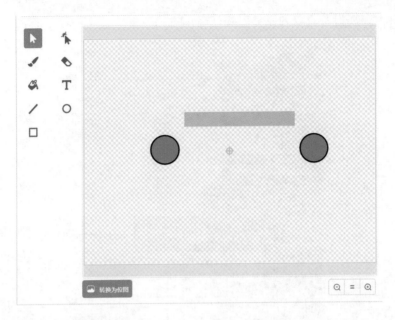

确保条形的绿色与草地的颜色完全相同：颜色、饱和度、亮度分别为 32、60、100。

现在，必须重新调整代码。这次代码以消息"障碍 3"开始，完成后广播消息"障碍 4"。

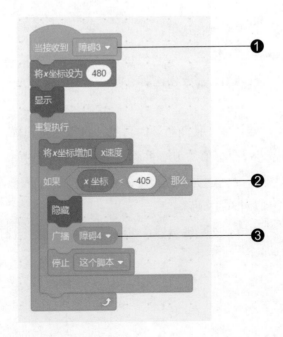

❶ 现在收到消息"障碍 3"。

❷ 在角色有相同宽度时，数值重新处于 –400 至 –405 之间。

❸ 现在广播消息"障碍 4"（创建新消息）。

现在你可以再次测试。在第三个障碍处，小猫跳到绿色平台上，并停留在那里，直到再次跳下。

你可能会注意到一件事：小猫站在平台上时不会随平台向左移动，这看上去很假。理想状态是，小猫下面的平台向左滑动，小猫应停留在平台的原位置。我们很清楚小猫在该程序中不会随平台一起移动。但是，如果能一起移动的话，可能看起来会更好。

如何让小猫随平台一起移动?

当小猫碰到绿色，但不是在草地上站立时（它站的位置比草地高，它的 y 坐标必须比草地的更大），则在每一轮中，小猫必须和障碍一起继续向左移动。

将以下积木放入小猫的代码中：

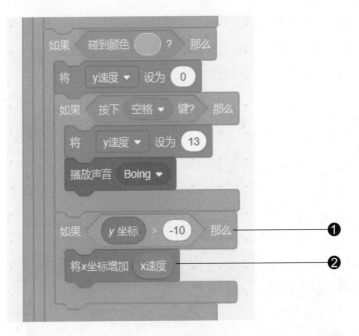

❶ 在已经存在的查询中检查是否碰到绿色，现在还需要再询问一次，小猫的 y 坐标是否大于 –10。如果大于 –10，则小猫不会站在草地上，而是高过平台。

❷ 在这种情况下，每次的 x 值都会按照 "x 速度" 变更，和障碍的一样。然后，小猫在平台上向左移动。让我们马上尝试一下：很酷，不是吗?

创建任意数量的其他障碍

现在，你可以添加任意数量的其他障碍。你可以完全按照前两个示例中的说明进行操作：

- 复制最后一个障碍。
- 在造型编辑器中使用不可触碰的红色元素和 / 或绿色平台更改或扩展障碍（也可能是几个）。注意，始终使用正确的红色和绿色才能正常工作。
- 自定义障碍代码，消息必须始终增加 1，并且必须调整查询以查看障碍是否位于图像的最左侧以使其起作用。
- 障碍每次都会变得更难。

在我的示例中，我又创建了两个绿色平台障碍。下面是我创建的第三个红球障碍。

下面是我创建的第四个和第五个红球障碍。

你可以根据需要建立障碍。只是需要注意，玩家应当能够通过障碍。当然，你可以先试试。

最后一个障碍通过后会发生什么？

无论你创建了多少个障碍，你都可以根据自己的兴趣和耐心自行决定，在什么时候到达最后一个障碍。通过最后一个障碍后，会发生什么？

这可以有多种不同方式。你可以成功完成游戏。广播发送消息"胜利"，通过此消息显示文本"恭喜"。然后结束。

或者，你可以让游戏从第一个障碍处重新开始。为此，你必须在最后重新广播消息"障碍1"，然后就可以重新开始了。

如果一切重新开始会很无聊，那么下一轮游戏可以变得更加困难。为此，你只需增加"x速度"的值，使障碍以这一速度移动穿过图像。这将使每一轮障碍的移动速度更快一点，直到在某个时候无法成功完成。游戏不可能无休止地运行。

以上可能是最后一个障碍的样子。

统计分数

如果你想知道自己取得了多少成就，那么计分就非常有意义了。根据你已经知道的内容，这非常简单。

创建一个名为"分数"的变量。暂时使其可见，因为它应出现在舞台上。在开始时，变量应设置为 0，因为每个游戏都可以以 0 分开始。最好将其设置在舞台代码中，即在游戏控制中进行设置。

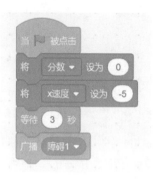

什么时候应该得分？当然，简单的操作是为每个已克服的障碍加一分。然后，你必须在每个障碍的末尾放置此命令（在调用下一个障碍之前）：

唯一辛苦的事情就是，你必须针对每个障碍单独进行操作。不过，这也可以很快完成。

另一个选择是提供用于生存时间的分数。例如，你可以为运行的每一秒加一分。这么做也有它的魅力。为此，你应该在游戏控件中创建一段附加代码：

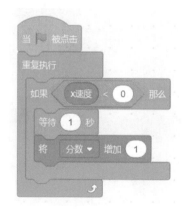

这个代码实际上非常简单。它等待 1 秒钟，分数增加 1，然后循环再次开始。作为条件询问，"x 速度"是否小于 0，即障碍是否仍在移动。发生碰撞时，应将"x 速度"设置为 0，然后不再有其他加分点。

游戏开始和结束

现在还需要添加一个合适的游戏开始和结束标志，之后游戏就制作完成了。在开头制作一个倒计时，从 3 倒数到 0 怎么样？这样的效果如何实现？为此，你只需要制作一个被命名为"倒计时"的角色，然后从素材库中选择数字 3 作为造型。

现在，在造型编辑器中，将数字 2、1 和 0 添加为其他造型。

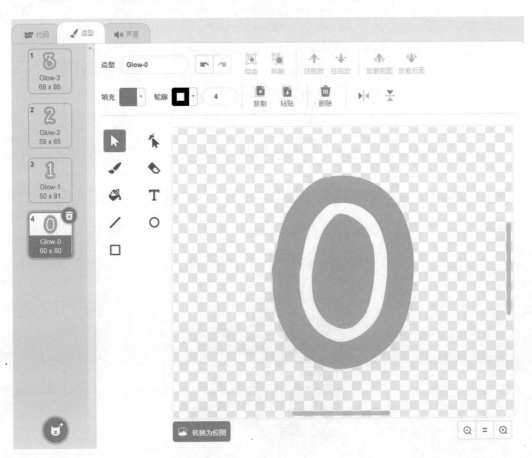

倒计时代码也不是特别复杂：

当倒计时运行结束，游戏开始时，如果小猫总是站立在左侧相同的起始位置，并看向右侧，则看起来应该挺不错。为此，只需要在小猫代码的开头直接插入以下两条命令：

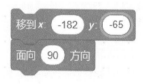

当然，你必须调整舞台的位置，使小猫在绿色区域上。

游戏结束

在游戏结束时，你可以显示"游戏结束"，此外"x 速度"会立即设置为 0。这也可以很快完成。

通过创建名称为"游戏结束"的角色，然后在编辑器中写入相应的文本。

复制粘贴文本，调整颜色，并错位摆放，创建出灰色阴影。

该文本应出现在游戏的结尾。当然，在游戏开始时，它应当设为隐藏，其代码如下。

现在你可以再次测试。这真的太有趣了！

用音效完善游戏

最后一件事是添加声音，因为到目前为止游戏是静音的。一个好的游戏应伴随适当的声音进行每一个动作，至少应该有初始声音、跳跃音效和玩家失败时的声音。你也可以在游戏运行时在后台播放喜欢的旋律。

要怎么做呢？我想你现在应该很清楚了。你可以先将声音分配给舞台，然后在接收相应的消息时立即播放。因为只在小猫的代码中执行了跳跃，所以只需要为小猫指定跳跃的声音。

只需要从小猫开始，并为其分配声音 "啵嘤"（Boing）（如果你不喜欢这个声音，你也可以使用自己录制的声音）。

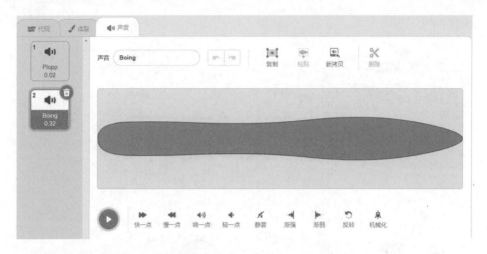

将声音"啵嘤"分配给小猫。

现在，只要执行跳跃，声音就可以在小猫的代码中直接播放。

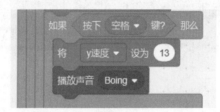

然后，你可以在舞台中为游戏开始和结束添加声音。我在这里选择了"魔咒"（Magic Spell）和"失败"（Lose），当然，你可以自由选择其他的声音。

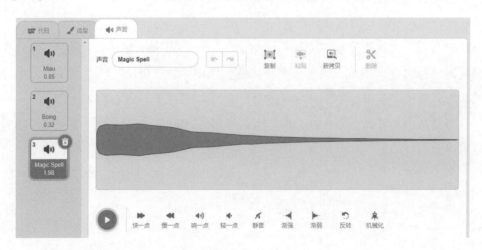

在该舞台的代码中，你只需要在开始时和广播"游戏结束"消息时播放相应的声音。

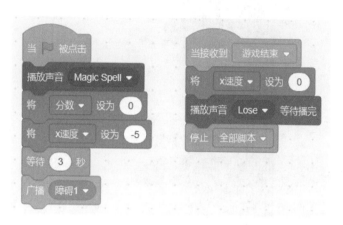

但是，在测试时，你会注意到，这仍然存在严重的问题：尽管游戏已经结束了，但小猫仍然可以移动，并且消息"游戏结束"会一次又一次被触发，因此音乐会一次又一次地播放。

这是因为在广播"游戏结束"时，不是立即终止所有代码，而是先播放音乐，然后继续进行其他操作。由于"x 速度"被设置为 0，障碍不再移动，但是其他代码继续运行并不断触发消息"游戏结束"。为避免这种情况，仅在"x 速度"小于 0（游戏仍在运行）的情况下，才对小猫进行所有的查询（跳跃、奔跑、触碰）。

这意味着你必须在小猫代码中将"所有重复执行中的内容"再次插入，并再次被包围起来：

总体而言，较长的小猫代码具体如下：

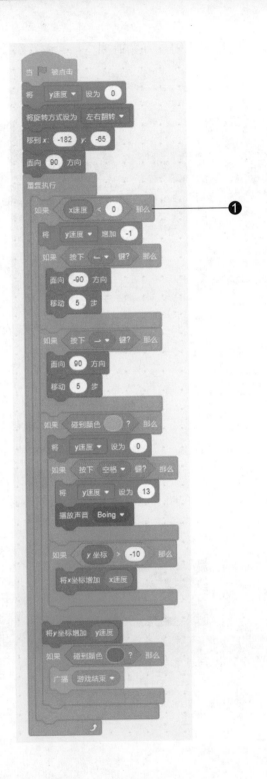

由此，小猫的全部控制都包含在条件"x 速度 < 0"中 ❶。只要障碍移动，游戏就会运行。游戏结束时，一切都停止了。

就是这样！一个完整的游戏已经完成了。正如你知道的那样，之前我们还从未真正完成过一个完整的游戏。你可以根据需要进行任意扩展：发明和添加新障碍、调整速度、添加角色。一切皆有可能。但是，在本书中，障碍跑项目就以现在这样的形式结束了。测试、玩游戏和拓展乐趣无穷！

第21章
如何继续学习？

你现在已经获得了大量重要的 Scratch 基本知识。在完成本书中的所有项目后，你已经熟悉了许多实用的技术，现在你可以轻松实现自己的创意了。从现在开始，该如何继续学习？

编程是一项非常需要创意的活动。你使用 Scratch 能够毫无限制地实现游戏、程序和创想，而这个游戏世界可以发展成多大的规模取决于你的内驱动力和想象力。当然，这要在 Scratch 提供的可行范围内实现，而这个范围已经不小了。本书仅让你初步了解了几个可以进行的活动。当然，你现在完全可以大胆尝试更多的游戏创意、程序和项目。而且，你在本书中学到的技术绝不是全部内容。在这些方法中还有大量用于处理问题和使用代码解决问题的方式。

你已经开发的许多强大且实用的程序，可以成为你继续学习的基础。如果你已经了解、理解了本书中所有（或大部分）内容，并且清楚知道它们如何运行，那么你可以继续拓展和构建程序，并且将自己称为程序员。恭喜，你现在已经是一名程序员了！更具体地说，你是真正的 Scratcher（Scratch 编程人员）。

编程专业人员也使用与 Scratch 中完全相同的方法：创建对象、串联命令、检查条件、运行循环、变更对象属性并逐步构建全部内容，以最终实现完美组合。功能差不多，区别在于工作是在不同框架内进行的，以及用于不同的领域。

现在，你当然可以尝试独立制作本书中的项目——可以进行一点变动、使用自己的角色或者使用自己的规则和新创意。这种训练的好处是，你可以获得更多的顺利执行编程的感觉，并由此获得成就感。

你也可以实施自己的全新想法并学习和尝试新技能。Scratch 提供的内容远远超出了本书所涵盖的范围。你甚至可以使用 Scratch 控制乐高机器人（Lego Mindstorms）或其他乐高机器人零件。为此，你需要启用 Scratch 中的扩展项目。你也可以使用 Scratch 控制"开发板"，例如：Makey Makey 或 micro:bit。这些很容易购买，且价格不高。即使没有其他硬件，仅仅使用 Scratch 也可以实现很多创意。所有这些都等待着你来探索并实现。

浏览和改编——Scratch 社区

如果你想查看其他 Scratcher 的编程内容，并且希望从中获得启发，我强烈建议你去 Scratch 社区逛一逛、看一看。这里有成千上万个 Scratch 程序可供查看，有的是由初学者制作的、有的是由专业人士上传的。你不仅可以观看和玩他们的游戏，还可以查看和更改程序代码。这被称为改编。由此，你可以真正学到数量惊人的内容，并且一次又一次拓展自己的技能。

为了尝试、研究和变更其他 Scratch 项目，你不需要注册、登陆账户也可以浏览。

你可以访问 Scratch 的官方网站：

单击该网站上方的菜单项。你会立即看到很多 Scratch 项目。首页是预选的内容，其中的一些确实很棒。但是，此页面上总共有成千上万个项目，有厉害的作品，也有不那么好的。你可以按名称搜索它们，也可以直接浏览这个社区主页。它们的布局会定期更改，并且大部分仅以英语描述。因为 Scratcher 是国际化的，世界各国的人都在使用。但是，如果实际操作一下，你会发现，大多数程序很容易理解。

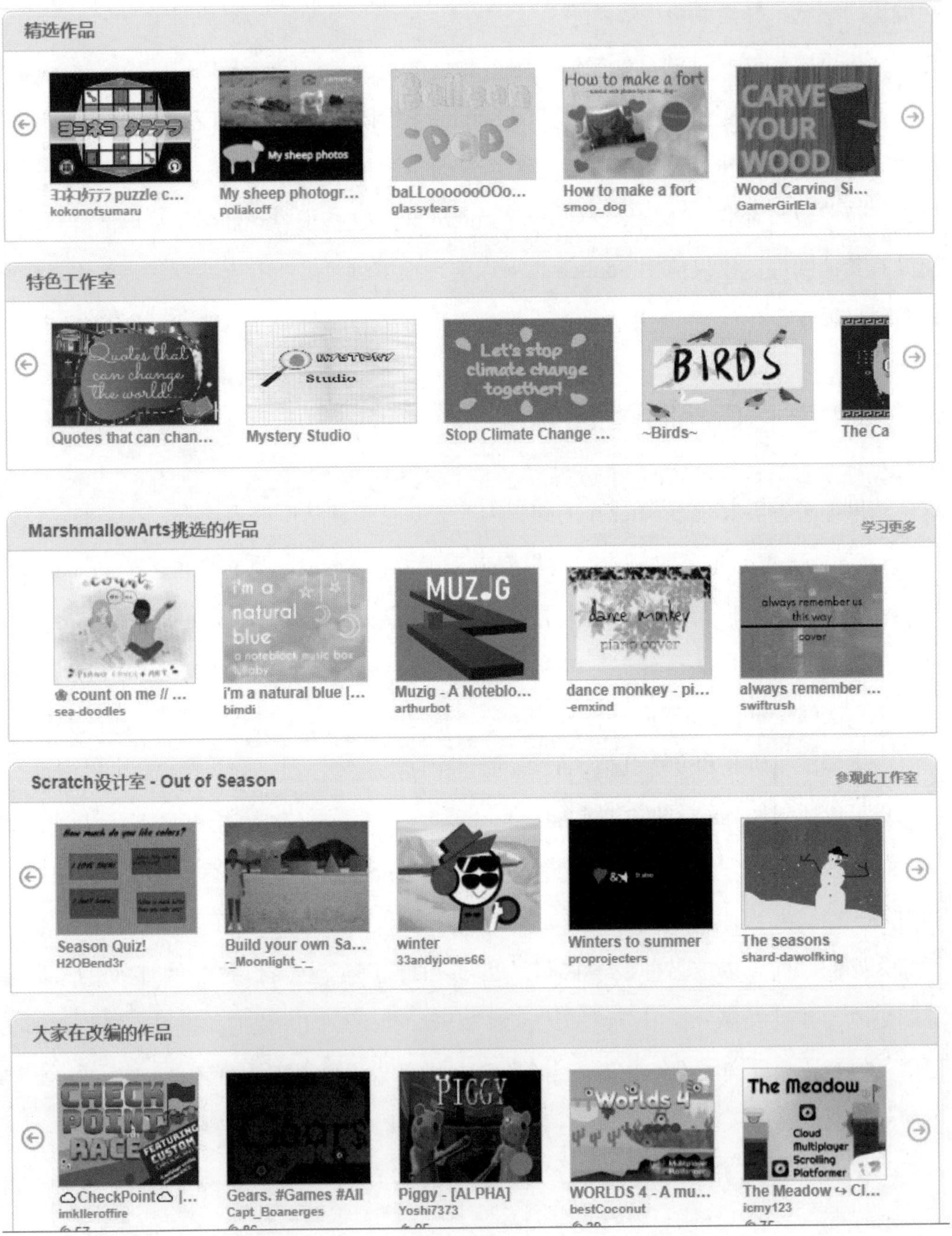

精选作品

ヨコネヨ クテテフ puzzle c...
kokonotsumaru

My sheep photogr...
poliakoff

baLLooooooOOo...
glassytears

How to make a fort
smoo_dog

Wood Carving Si...
GamerGirlEla

特色工作室

Quotes that can chan...

Mystery Studio

Stop Climate Change ...

~Birds~

The Ca

MarshmallowArts挑选的作品   学习更多

count on me // ...
sea-doodles

i'm a natural blue | ...
bimdi

Muzig - A Noteblo...
arthurbot

dance monkey - pi...
-emxind

always remember ...
swiftrush

Scratch设计室 - Out of Season   参观此工作室

Season Quiz!
H2OBend3r

Build your own Sa...
-_Moonlight_-

winter
33andyjones66

Winters to summer
proprojecters

The seasons
shard-dawolfking

大家在改编的作品

CheckPoint |...
imklleroffire

Gears. #Games #All
Capt_Boanerges

Piggy - [ALPHA]
Yoshi7373

WORLDS 4 - A mu...
bestCoconut

The Meadow ↵ Cl...
icmy123

你可以单击各个项目，立即查看并测试。

选择一个项目，用鼠标单击它。

这里总有一些看上去很酷的示例项目。

单击舞台中间的绿色旗帜并玩游戏。你可以立即看到它的作用及工作方式。

（在登陆状态下）在右上角，有两个按钮，"改编"和"进去看看"。

查看代码

如果单击进去看看，该项目将在 Scratch 编辑器中打开。现在，你可以查看和测试整个代码程序。

不仅如此：你还可以编辑和更改所有内容——从背景到角色再到所有代码！好像它是你自己的程序一样。因此，你可以随心所欲地使用该程序，并在此过程中逐步理解程序员是如何做的，才使程序这样运行。也许你有创意，可以用很酷的方式变更或改进，或者你建立一个对手、一个关卡。

改编

如果你希望以某种方式做出改变，并且由此产生了新的、令人喜欢的内容，你也可以改编和发布。就像 DJ（Disc Jockey，唱片师）提取现有歌曲、将其混音并添加音轨一样，Scratcher 也可以在 Scratch 中改变并重新发布游戏或程序。这不仅合法，而且也很受欢迎。Scratch 程序员是团队合作成员。通过共同创造就会产生新的、越来越令人兴奋的项目。

要上传改编的项目，以便其他 Scratcher 看到并发表评论，你必须先登录。为此，你应该注册为 Scratcher。操作简单、免费并且没有坏处。

你如何在 Scratch 社区注册？

你必须保持在线并前往 Scratch 官方网站。

在这个网站中，选择上方菜单项加入 Scratch 社区。

随后，会出现一个对话框，你可以在其中选择自己的 Scratcher 名称。不要使用你的真实姓名，而要想一个奇特的用户名。许多用户名已被使用，你需要选择一个独特的组合，例如：Scratcher_0815_X，或者任何你喜欢（且未被占用）的名称。

在用户名下方输入一串你能够记住的密码。在最后一行重复输入密码。

点击下一步进入下一个窗口，你必须在其中输入你来自哪个国家（国家名称为英文）、你的出生月份和年份等信息。你的信息将被保密。最后，输入你的真实电子邮件地址。然后，你将收到一封向你确认账户的电子邮件，最后你就可以完成注册并随时登录。

将来，你要做的只是输入你的用户名和密码登录，你就会作为注册会员出现在Scratch 社区中。

为了改编由你编辑的程序（你已登录网站），你只需要单击顶部的改编按钮。然后，由你改编版本的副本将保存在你的帐户中。如果你要发布自己的改编版本，请单击橙色按钮发布。你自己的 Scratch 程序的版本已经可以面向所有人在线可用了。其他人可以查看、尝试、深入玩或发表评论。一定要尝试一下——这真的很有趣！

上传自己的项目

作为注册的 Scratcher，你不仅可以改编现有项目，还可以随时将自己的游戏和程序上传到社区。然后，你可以编写操作说明、备注和致谢，使程序变得简洁可用。也许你可以给其他 Scratcher 一些建议，或者改编，或者告诉他们可以做的不同的事情。如果幸运的话，你的游戏或程序将被发现并推荐。在 Scratch 中，你正在一个可以互相启发的庞大程序员社区中获得启发和灵感。没有比这更好的学习方法了！

Scratch 之后还有什么？

Scratch 是进入编程世界的理想选择。使用 Scratch，你可以享受很多乐趣，并且始终可以实验新的创想。从最简单的单击程序到场景复杂的项目，你可以在各个级别摆弄几个月。甚至 IT 专业人员有时也对这种简单但功能强大的游戏创建系统充满热情。我建议你，在继续学习之前把 Scratch 的功能和技术摸透。

如果你已经被编程深深吸引，并且希望有朝一日突破游戏模块，在"真正"的专业编程世界中进一步探险，那么现在是时候更进一步了。Scratch 特棒，但是也有自身的局限性。学习编程中，快速构建任何酷炫的程序、实现游戏创意等都还是理想化的。这些内容目前还需要在程序设计的功能框架内完成。

如果你想编写"广阔世界中的"独立程序，完成超出使用舞台和角色的任务，分析数据，编写文件，在互联网中沟通、编辑图片，制作可以在平板、手机和智能手表中运行的 3D 动画，那么你需要进入下一阶段。

专业人员通常使用 Java 或 C++ 作为编程语言进行编程。从 Scratch 走到这一步是很棒的。你现在所学的基本原理也适用于这些编程语言——与所有编程语言和开发系统一样：程序是带有查询和循环、输入和输出、变量和数值、对象测试属性、变更及计算的命令。你已经在 Scratch 中学到了所有内容。只是没有预先制作好的元素、没有那么高效并且以机器为导向，因此也更加复杂。

如果你并不想直奔最高难度，而是想在 Scratch 之后攀登下一个相对容易到达的高峰，作为程序员，你可以在其中完成几乎所有可以做的普通程序、应用程序（App）和游戏，那么我为你提供两个建议：LiveCode 和 Python。

LiveCode

如果你完成了 Scratch 的学习，那么 LiveCode 是相对容易入手的，因为 LiveCode 也提供了一个图形化的编辑器，人们可以将对象拉进去、放置并设计代码。是的，你几乎可以认为：LiveCode 就是顺理成章的下一步，就像一个大型的"提供给成年人的 Scratch"——只是没有 Scratch 中的限制。LiveCode 中没有舞台，而是一个（或多个）任意大小的编程窗口。它上面没有"角色"，但有典型的应用程序对象，例如：按钮、表格、复选框、文本字段、角色字段等。也就是进行"正经"编程所需要的所有元素。尽管代码并未合并在一起，而是真真正正地写入，但是这和使用 Scratch 一样，也是简单地写在相应对象的代码窗口中，并且有自己的基本命令：循环、条件、事件、变量、消息——所有都在 LiveCode 中。和 Scratch 一样，你可以在构建程序时随时测试程序并查看它的工作方式。

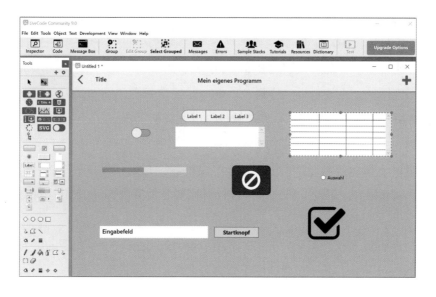

优点：LiveCode 程序可以作为独立应用程序（App）直接进行转换和继续加工，适用于 Windows、Mac 或 Linux 以及安卓和（部分）iOS 系统。因此，基本上人们可以使用 LiveCode 制作所有内容，从手机太空游戏到完整的商业公司管理程序。任何程序都可以快速、轻松地完成。

缺点：LiveCode 具有自己的语言，类似于简化的英语，你必须先学习这种语言，并且系统和文档大多仅以英语提供。

总结：对于希望从 Scratch 进入专业编程的广阔空间，却又不愿放弃 Scratch 简单而强大的基本原理的人，强烈推荐 LiveCode。如果你会 Scrach，那么 LiveCode 你很快就可以上手，并且会感觉到自己面前是一个强大一千倍的系统，熟悉之后，几乎一切都可以正常运行。

LiveCode 是一个完全免费的开源系统，你可以从其官方网站上获得。

Python

Python 可能更像你想象中的传统编程语言。通常，Python 没有图像模块，使用的是通过代码定义和编程的内容。

但是，Python 在朴实低调的同时也具有强大的性能。仅有少量容易学习的基本命令是你已经从 Scratch 中了解到的。使用这些命令，人们也可以做出海量内容，因为借助 Python 中可以集成的成百上千的"素材库"模块，Python 可以最终实现运行、控制和监控所有内容。从 2D 和 3D 游戏到数据库、互联网访问、分析工具、图像和声音处理、人工智能——没有哪个领域是 Python 还没有涉足的，你可以随时拓展那些自己尚未掌握的相应模块。也许可以这样说，Python 是经典编程语言中最简单的一种，但同时又具有通用性，因此它能够执行许多软件可以完成的工作。

由于 Python 易于理解，许多初学者经常选择学习它，与此同时，有无数专业人士宣布终生使用 Python。你可以在任何层次上使用它。它是一种易于学习、精巧且功能非常强大的编程语言。因此，第二个推荐针对那些已经突破 Scratch 并正在寻找强大接任者的人。

有许多 Python 系统。首先，我特别推荐 TigerJython——一个免费的、对初学者友好的预配 Python 系统，其中包含适用于所有可能应用领域的众多模块。

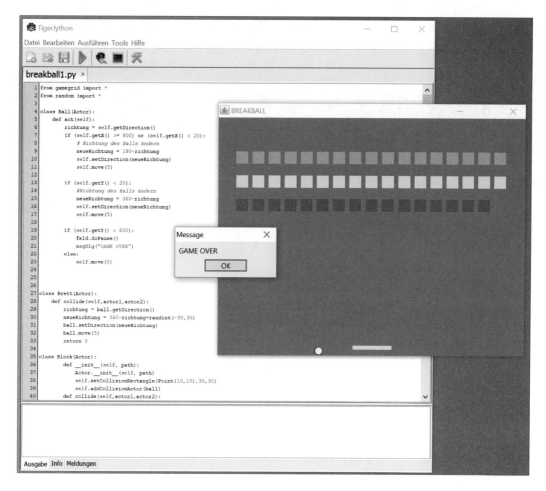

相应推荐的书是：莱茵威尔克出版社出版的《Python 编程课：我的语言我做主》。

其他

现在整个编程世界已经向你敞开。除了提到的语言和系统，还有许多适用于各种领域的专用系统。例如，如果你想以专业水平构建 2D（平面）或 3D（立体）游戏，则 Unity 3D 可能是适合你的系统（只需在搜索引擎上查找）——这是使用最广泛的系统。当然，还有其他选择，比如越来越有趣的开源系统 Godot。如果你希望制作（目前非常流行且功能强大的）手机应用程序（App）以及网络浏览器中的游戏，则应当使用 JavaScript 和 PHP。（顺便说一句，Scratch 系统也是用 JavaScript 编写的。）如果要拓展和控制 Office 程序，需要使用 VBScript。因此，还有许多其他用在相应领域中、完成相同任务的编程语言和系统，而执行程序的方式和你现有的思维方式相同。这就是"编程奇迹"。

作为一名经过学习的 Scratcher，你现在可以在任何场合参与聊天，并且已经清楚地知道如何创建程序，以及如何像程序员一样思考。你现在要如何深入发展，由你自己决定。

祝你在成为程序员的道路上取得圆满成功！